大众力学丛书
（已出书目）

《奥运中的科技之光》 赵致真 著　ISBN:978-7-04-024621-6

本书全景式讲述了奥运中的科学知识。通过经典赛事和有趣故事，深入浅出分析了各项体育运动中生动丰富的力学现象，广泛涉及生物学、化学、数学、电子技术、材料科学等诸多领域，并介绍了当代体育科学前沿的最新成果。旨在“通过科学欣赏体育，通过体育理解科学”，也有助于大中学生开阔眼界，巩固和深化课堂知识。

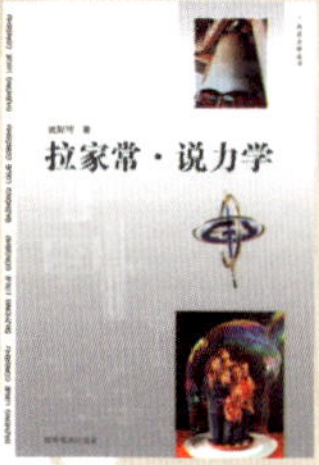

《拉家常·说力学》 武际可 著　ISBN:978-7-04-024460-1

本书收集了作者近十多年来发表的32篇科普文章。这些文章，都是从常见的诸如捞面条、倒啤酒、洗衣机、肥皂泡、量血压、点火等家常现象入手，结合历史典故阐述隐藏在其中的科学原理。这些文章图文并茂、文理兼长、读来趣味盎然，其中有些曾获有关方面的奖励。本书可供具有高中以上文化读者阅读，也可以供大中学教师参考。

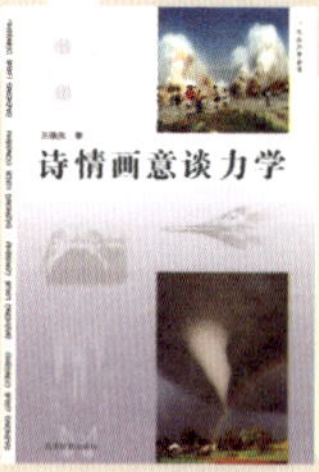

《诗情画意谈力学》 王振东 著　ISBN:978-7-04-024464-9

本书是一本科学与艺术交融的力学科普读物，内容大致可分为“力学诗话”和“力学趣谈”两部分。“力学诗话”的文章，力图从唐宋诗词中对力学现象观察和描述的佳句入手，将诗情画意与近代力学的发展交融在一起阐述。“力学趣谈”的文章，结合问题研究的历史，就日常生活、生产中的力学现象，风趣地揭示出深刻的力学道理。这本科普小册子，能使读者感受力学魅力、体验诗情人生，有益于读者交融文理、开阔思路和激发创造性。

《趣味刚体动力学》 刘延柱 著　ISBN:978-7-04-024753-4

本书通过对日常生活中和工程技术中形形色色力学现象的解释学习刚体动力学。全书包括32个专题，归纳为玩具篇、体育篇和技术篇等三章。每个专题的叙述均以物理概念为主，着重文章的通俗性和趣味性。需要借助数学公式深入分析的内容在各个专题的文末以注释的形式给出。附录里给出必要的刚体动力学基本知识。本书除作为科普读物外，也可作为理工科大学理论力学课程的课外参考书，使读者在获得更多刚体动力学知识的同时，能对身边的力学问题深入思考并提高对力学课程的学习兴趣。

大众力学丛书

（已出书目）

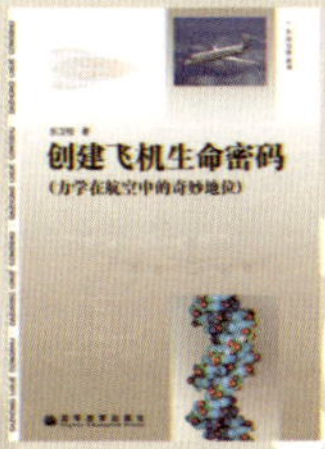

《创建飞机生命密码（力学在航空中的奇妙地位）》 乐卫松 著

ISBN:978-7-04-024754-1

本文从国家决定研制具有中国自主知识产权的大客机谈起，通过设计的一组人物，用情景对话、访谈专家学者的方式，描述年轻人不断探索，深入了解在整个飞机研发过程中，力学在航空业中特别奇妙的地位。如同人的遗传密码DNA，呈长长的双螺旋状，每一小段反映人的一种性状，飞机的生命密码融入飞机研发到投入市场的长历程，力学乃是组建这长长的飞机生命密码中关键的、不可或缺的学科。这是一篇写给大学生和高中生阅读的通俗的小册子，当然也可供对航空有兴趣的各界人士浏览阅读。

《力学史杂谈》 武际可 著　ISBN:978-7-04-028074-6

本书收集了作者近20年中陆续发表或尚未发表的30多篇文章，这些文章概括了作者认为对力学发展乃至对整个科学发展比较重要而又普遍关心的课题，介绍了阿基米德、伽利略、牛顿、拉格朗日等科学家的生平与贡献，也介绍了我国著名的力学家，还对力学史上比较重要的理论和事件，如能量守恒定律、梁和板的理论、永动机等的前前后后进行了介绍。本书对科学史有兴趣的读者，对学习力学的学生和教师，都是一本难得的参考书。

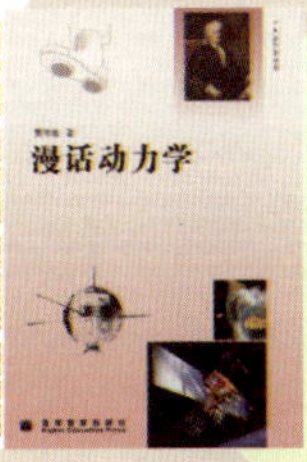

《漫话动力学》 贾书惠 著　ISBN:978-7-04-028494-2

本书从常见的日常现象出发，揭示动力学的力学原理、阐明力学规律，并着重介绍这些原理及规律在工程实践，特别是现代科技中的应用，从而展示动力学在认识客观世界及改造客观世界中的巨大威力。全书分为十个专题，涉及导航定位、火箭卫星、载人航天、陀螺仪器、体育竞技、大气气象等多个科技领域。全书配有大量插图，内容丰富而广泛；书中所引的故事轶闻，读起来生动有趣。本书对学习力学课程的大学生是一本很好的教学参考书，书中动力学在现代科技中应用的实例可以丰富教学内容，因而对力学教师也大有裨益。

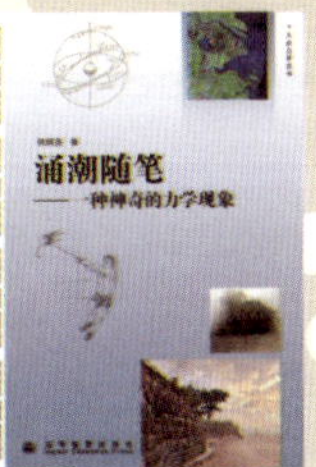

《涌潮随笔——一种神奇的力学现象》 林炳尧 著

ISBN:978-7-04-029198-8

涌潮是一种很神奇的自然现象。本书力图用各个专业学生都能够明白的语言和方式，介绍当前涌潮研究的各个方面，尤其是水动力学方面的主要成果。希望读者在回顾探索过程的艰辛,欣赏有关涌潮的诗词歌赋，增加知识的同时，激发起对涌潮、对自然的热爱和探索的愿望。

大众力学丛书

（已出书目）

《科学游戏的智慧与启示》 高云峰 著 ISBN:978-7-04-031050-4

本书以游戏的原理和概念为线索，介绍处理问题的方法和思路。作者用生动有趣的生活现象或专门设计的图片来说明道理，读者可以从中领悟如何快速分析问题，如何把复杂问题简单化。本书可以作为中小学生的课外科普读物和试验指南，也可以作为中小学科学课教师的补充教材和案例，还可以作为大学生力学竞赛和动手实践环节的参考书。

《力学与沙尘暴》 郑晓静 王 萍 编著 ISBN:978-7-04-032707-6

本书从一个力学工作者的角度来看沙尘暴、沙丘和沙波纹这些自然现象以及与此相关的风沙灾害和荒漠化及其防治等现实问题。由此希望告诉读者对这些自然现象的理解和规律的揭示，对这些灾害发生机理的认识和防治措施的设计，不仅仅是大气学界、地学界等学科研究的重要内容之一，而且从本质上看，还是一个典型的力学问题，甚至还与数学、物理等其他基础学科有关。

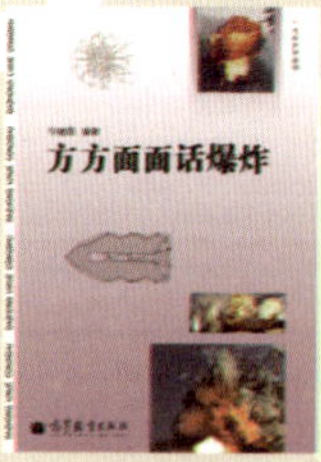

《方方面面话爆炸》 宁建国 编著 ISBN:978-7-04-032275-0

本书用通俗易懂的文字描述复杂的爆炸现象和理论，尽量避免艰深的公式，并配有插图以便于理解；内容广博约略，几乎涵盖了整个爆炸科学领域；本书文字流畅，读者能循序渐进地了解爆炸的各个知识点。本书可供高中以上文化程度的广大读者阅读，对学习兵器科学相关专业的大学生也是一本很好的入门读物，同时书中的知识也能帮助爆炸科技工作者进一步深化对爆炸现象的理解。

■ 大众力学丛书

Lixue yu Shachenbao

力学与沙尘暴

郑晓静　王　萍　编著

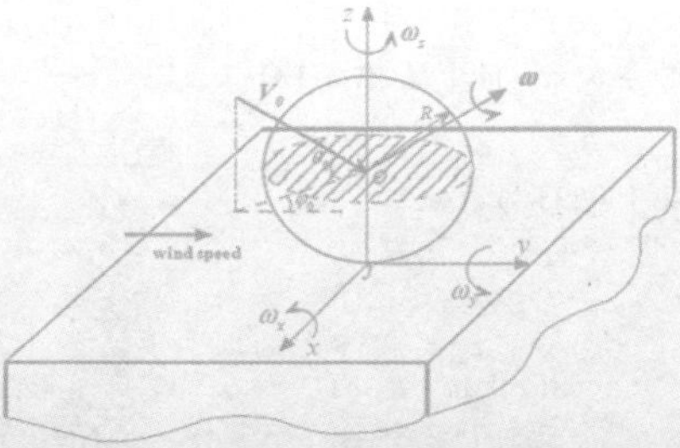

高等教育出版社·北京
HIGHER EDUCATION PRESS　BEIJING

图书在版编目（CIP）数据

力学与沙尘暴/郑晓静，王萍编著. —北京：高等教育出版社，2011.8(2016.1 重印)

ISBN 978－7－04－032707－6

Ⅰ. ①力… Ⅱ. ①郑…②王… Ⅲ. ①力学－关系－沙尘暴 Ⅳ. ①O3 ②P425.5

中国版本图书馆 CIP 数据核字(2011)第 130693 号

策划编辑 王 超　责任编辑 王 超　封面设计 赵 阳　版式设计 范晓红
插图绘制 尹 莉　责任校对 杨凤玲　责任印制 毛斯璐

出版发行	高等教育出版社	咨询电话	400－810－0598
社　　址	北京市西城区德外大街4号	网　　址	http://www.hep.edu.cn
邮政编码	100120		http://www.hep.com.cn
印　　刷	北京中科印刷有限公司	网上订购	http://www.landraco.com
开　　本	850mm×1168mm 1/32		http://www.landraco.com.cn
印　　张	7.75	版　　次	2011年8月第1版
字　　数	180千字	印　　次	2016年1月第2次印刷
购书热线	010－58581118	定　　价	29.00元

本书如有缺页、倒页、脱页等质量问题，请到所购图书销售部门联系调换

物 料 号 32707－00

中国力学学会《大众力学丛书》总　序

科学除了推动社会生产发展外，最重要的社会功能就是破除迷信、战胜愚昧、拓宽人类的视野。随着我国国民经济日新月异的发展，广大人民群众渴望掌握科学知识的热情不断高涨，所以，普及科学知识，传播科学思想，倡导科学方法，弘扬科学精神，提高国民科学素质一直是科学工作者和教育工作者长期的任务。

科学不是少数人的事业，科学必须是广大人民参与的事业。而唤起广大人民的科学意识的主要手段，除了普及义务教育之外就是加强科学普及。力学是自然科学中最重要的一门基础学科，也是与工程建设联系最密切的一门学科。力学知识的普及在各种科学知识的普及中起着最为基础的作用。人们只有在对力学有一定程度的理解后，才能够深入理解其他门类的科学知识。我国近代力学事业的奠基人周培源、钱学森、钱伟长、郭永怀先生和其他前辈力学家非常重视力学科普工作，并且身体力行，有过不少著述，但是，近年来，与其他兄弟学科（如数学、物理学等）相比，无论从力量投入还是从科普著述的产出来看，力学科普工作显得相对落后，国内广大群众对力学的内涵及在国民经济发展中的重大作用缺乏有深度的了解。有鉴于此，中国力学学会决心采取各种措施，大力推进力学科普工作。除了继续办好现有的力学科普夏令营、周培源力学竞赛等活动以外，还将举办力学科普工作大会，并推出力学科普丛书。2007年，中国力学学会常务理事会决定组成《大众力学丛书》编辑委员会，计划集中出版一批有关力学的科普著作，把它们集结为

《大众力学丛书》，希望在我国科普事业的大军中团结国内力学界人士做出更有效的贡献。

这套丛书的作者是一批颇有学术造诣的资深力学家和相关领域的专家学者。丛书的内容将涵盖力学学科中的所有二级学科：动力学与控制、固体力学、流体力学、工程力学以及交叉性边缘学科。所涉及的力学应用范围将包括：航空、航天、航运、海洋工程、水利工程、石油工程、机械工程、土木工程、化学工程、交通运输工程、生物医药工程、体育工程等等。大到宇宙、星系，小到细胞、粒子，远至古代文物，近至家长里短，深奥到卫星原理和星系演化，优雅到诗画欣赏，只要其中涉及力学，就会有相应的话题。这套丛书将以图文并茂的版面形式、生动鲜明的叙述方式，深入浅出、引人入胜地把艰深的力学原理和内在规律介绍给广大读者。这套丛书的主要读者对象是大学生、中学生以及有中学以上文化程度的各个领域的人士。我们相信本套丛书对广大教师和研究人员也会有参考价值。我们欢迎力学界和其他各界的教师、研究人员以及对科普有兴趣的作者踊跃撰稿或提出选题建议，也欢迎对国外优秀科普著作的翻译。

丛书编委会对高等教育出版社的大力支持表示深切的感谢。出版社领导从一开始就非常关注这套丛书的选题、组稿、编辑和出版，派出了精兵强将从事相关工作，从而保证了这套丛书以优质的内容和崭新的形式亮相于国内科普丛书之林。

中国力学学会《大众力学丛书》编辑委员会
2008年4月

前言
Preface

不论科学技术如何发展，物质如何丰富，生活如何便捷，人类对蔚蓝天空的渴求和需要从来都是不可替代的。也正因为如此，当沙尘暴以它那昏黄的外衣一次又一次遮住蓝天时，一种担忧和一种危机感油然而生：它来自何方？它又将去何处？它何时休？它又如何不再来？

单颗沙粒的运动形成了风沙流，最终造就了风沙地貌并导致了大范围的沙尘暴，本书从沙/尘颗粒的微观运动出发，介绍风沙电、风沙流、尘卷及面积可达数百公里的沙丘场的形成发展过程等，最后介绍了目前主要的防沙治沙工程措施。显然，本书无法全面、透彻地回答这些仍是“open”的问题。促使我下决心完成此书的最主要的动机是：让更多的人，特别是青年学生，从更广泛的层面上了解力学。

事实上，公众对力学这一学科的认识可能仅仅限于对牛顿贡献的了解，其他学科的学者眼中的力学，则可能囿于从梁、板、柱体等结构的受力变形到摩天大楼和高速铁路的成功运营中了解固体力学，从空气流动到超高速航空、航天器的设计中了解流体力学，或从血管中血液的流动及骨骼和牙齿的矫正了解到生物力学等。而对于风沙运动，对于沙尘暴，乃至沙漠化，即便是力学学科的业内人士，可能都不会想到这些是与力学有关的，是值得力学家去关注的。诚然，发生沙漠化的主要原因和沙漠化的最终治理不是或主要不是力学问题。但沙漠和沙漠化形成之后，其演化及某些后果(如引发的沙尘暴等)以及局部的工程治理或防护等，则在一定程度上是力学问题；沙丘的运移、沙尘暴及工程防护是宏观问题，但对这些现象的科学认识，需建立在对沙粒运动规律的认识上，否则就只能依靠经验。同样，以沙尘暴为极端表现形式的风沙运动系统是一类典型的多相多组分复杂介质的多尺度、非线性、非平稳复杂输运(或流动)的过程，它向力学学科提出的挑战丝毫不亚于航空航天，不亚于湍流以及固体材料的破坏。

事实上，当我作为学生学习力学的时候，当我在兰州大学任教的头十年，我也没有想到自己有一天会去研究沙粒在风力作用下的运动这种太习以为常、太司空见惯的现象。然而，1993 年 5 月 5 日发生在甘肃的那场沙尘暴，让我体验到了它的威力；“决不能让民勤成为第二个罗布泊”，让我意识到了沙漠化近在眼前。于是我从电磁固体力学的研究中抽身，以风沙带电现象的研究为切入点，开始了风沙环境力学的研究。一转眼，十几年过去了。其间，我得到力学界许多老先生的鼓励和支持，得到地学界许多学者的帮助和指点。随着研究的深入，沙尘暴、风沙流及风沙地貌等问题越来越吸引我，使我对这样一个既具有实际需求又具有学科挑战性的研究领域越来越投入。其实，在这一领域，钱学森先生曾提出“沙产业”的设想，他的老师西多尔·冯·卡门曾响应罗斯福总统的号召，为防止沙尘暴再度侵袭，做过测量防护林对风速减低作用的风洞试验(后因第二次世界大战爆发而终止)；其实，在这一领域，还有一些力学学者一直工作着，相信还会有更多的学者投身于此。因为这一领域的研究，体现着钱学森先生所强调的“工程科学最重要的本质——将基础科学中的真理转化为人类福利的实际方法的技能，实际上超越了现代工业的范畴”的技术科学的思想，这是我们应该坚持和发扬光大的。

尽管我十分清楚：科普书稿的撰写要求是非常高的，它不仅要在学术层面不失准确和严谨，同时也要具有可读性，这对我的确很有挑战性，我也实在不是完成此书的最佳人选，但是我仍然主动承担了这一任务。这是因为：我一直很赞同这样一种观点——每位科学家都应承担“大使”的责任，对非科研工作者做好科学传播工作。我们不仅仅要与科学圈内的同行对话，也应该让科学更有吸引力。我们不仅要自己喜欢科学，也应该能够用一种年轻人也能懂的语言去阐释科学。同时，让决策者们重视科学同样很重要，我们要让他们不仅尊重科学，而且欣赏科学。

感谢我的已毕业和还未毕业的学生们，他们是谢莉、薄天利、王等明、张静红、马高生、胡文文、李兴财、任晓川、朱伟、高志文、周旭、段绍臻、石富强、梁永永、朱纪跃、佟鼎、王聪……为完成此书，他们非常乐意、非常努力并不厌其烦地帮我收集和整理相关的资料和图片；感谢国家自然科学基金委的项目(No. 10872082、11072097)及其科普基金和教育部项目(No. 308022)对我有关风沙运动研究工作的支持；感谢中国力学学会第八届理事会负责科普工作的戴世强副理事长在策划这套“大众力学丛书”时就定下了《力学与沙尘暴》一书的撰写任务，并给了我非常宽松的时间期限。

让我们一起目送远去的“千里黄云”，拂去飘荡的阵阵“土气”，在探知沙尘暴奥秘的过程中感受力学的魅力吧！

郑晓静

2010 年 11 月 30 日

目　录
Contents

1 Chapter 漫谈沙尘暴

大众力学丛书

《西游记》第二十一回“护法设庄留大圣　须弥灵吉定风魔”：大圣来到黄风岭，遇到黄风怪，厮杀开来，三十回合，不分胜败。于是大圣把毫毛揪下一把，用口嚼得粉碎，望上一喷，叫声“变！”变有百十个小行者，都是一样打扮，各执一根铁棒，把那怪物围在空中。那怪物害怕，也使一般本事：急回头，望着巽地上，把口张了三张，嘑的一口气，吹将出去，“忽然间，一阵黄风，从空刮起。好风！真个利害：冷冷飕飕天地变，无影无形黄沙旋。……把孙大圣用毫毛变的小行者刮得在那半空中，却似纺车儿一般乱转……慌得行者将毫毛一抖，收上身来，独自举着铁棒，上前来打，又被那怪劈脸喷了一口黄风，把两只火眼金睛，刮得紧紧闭合，莫能睁开；因此难使铁棒，遂败下阵来。”其实这呼风的本事大圣也有。《西游记》第二十八回“花果山群妖聚义　黑松林三藏逢魔”：大圣“见那些人布上他的山来，心中大怒。手里捻诀，口内念念有词，往那巽地上吸了一口气，嘑的吹将去，便是一阵狂风。好风！但见：扬尘播土，倒树摧林。海浪如山耸，浑波万迭侵。乾坤昏荡荡，日月暗沉沉。一阵摇松如虎啸，忽然入竹似龙吟。万窍怒号天噫气，飞砂走石乱伤人。大圣作起这大风，将那碎石，乘风乱飞乱舞，可怜把那些千余人马，一个个：石打乌头粉碎，沙飞海马俱伤。”可见关键时刻，这“黄风”还真成了“杀手锏”！

也许您会认为：这“黄风”只是吴承恩在《西游记》中虚构的景象而已。无独有偶。对这黄风，在钱雁秋的《神探狄仁杰Ⅲ》“龙武卫魂断大荒漠(2)”这一章，更有详细描述：“沙漠之中，狂风撕扯着大地，搅得天昏地暗。黄沙弥漫充塞四周，让人喘不过气来，仿佛到了地的尽头。只见黄沙在空中狂卷乱舞，……迎面一道高达数十丈的沙墙排山倒海般径奔大军扑来。……随着一声惊天动地的巨响，沙墙以摧枯拉朽之势挟卷着前军，刹那间，队伍中传出一阵惨叫，数十名军卒连人带马被沙墙撞得腾空飞了出去，人和马在空中连连翻滚，重重地摔在数百米开外。曾泰道：‘这里的人有句俚谚：旋风行，无路寻。……’，意思就是，只要大漠中刮起旋风，沙丘就会随时移动，将原有的路径全部覆盖，行路的商旅便无路可寻。”

说到这，您一定会问：哦，你说的这不就是沙尘暴吗？是的！无论是《西游记》中所说的“黄风”，还是《神探狄仁杰Ⅲ》中的“旋风”，实际上都可以归结为沙尘暴——一种因为强风将地面大量尘沙吹起，使空气浑浊，水平能见度小于 1 km 的天气现象[1]。沙尘暴是沙暴(sand storm)和尘暴(dust storm)两者兼有的总称。对沙尘暴强度的等级划分，一般采用风速和能见度两个指标。从 2003 年 3 月 1 日开始，中国气象局实施新的沙尘暴标准，将沙尘天气划分为浮尘、扬沙、沙尘暴和强沙尘暴四类。其中，尘土、细沙均匀地浮游在空中，使水平能见度小于 10 km 的天气现象称为浮尘；风将地面尘沙吹起，使空气相当混浊，水平能见度在 1 km 至 10 km 之间的天气现象称为扬沙；强风将地面大量尘沙吹起，使空气很混浊，水平能见度小于 1 km 的天气现象称为沙尘暴；大风将地面尘沙吹起，使空气非常混浊，水平能见度小于 500 m 的天气现象称为强沙尘暴。

也许您会不以为然，这小说中所描述的沙尘暴情景未免太夸张了吧？对此，我还真无法判断，但请看近年的几则新闻报道和图片：

• “1993 年 5 月 5 日的特大沙尘暴使甘肃、宁夏和内蒙古部分地区遭受巨大损失，死亡 85 人，伤残 264 人，失踪 31 人，直接经济损失 7.25 亿元。一位西北气象工作者如实记录了那天的情景：“今天风和日丽。下午 2 时许，骤然狂风大作，飓风卷起沙石尘土，形成一堵约 400 米高的沙尘暴壁，自西向东扑来。瞬间最大风速 34 米/秒，风力达 12 级。20 分钟内天地一片漆黑，能见度降为零。沙尘暴壁由下往上分成三层，第一层是黄色的沙尘，可以清晰地看到沙尘中飞舞的纸片和塑料袋；第二层是橘红色的沙尘，狂沙翻飞得剧烈了许多，密度也大了不少；第三层是黑褐色，每层有球状尘团剧烈翻滚，发出沉闷的轰鸣。”

——2006 年 4 月 10 日新浪网电

图 1－1　1993 年 5 月 5 日袭击甘肃的沙尘暴

图 1－2　2006 年 4 月 17 日沙尘暴过后的北京街道

（图片来源 http://www.weather.com.cn/）

• “北京 17 日凌晨的沙尘天气：大街小巷到处是厚厚的浮土，空气中弥漫着浓浓的土腥味，市民不禁惊呼‘北京下土了’”。

——2006 年 4 月 17 日新华网电

• “4 月 9 日晚 7 时许，从乌鲁木齐发往北京的 T70 次列车运行至小草湖至红层之间时，遭遇特大沙尘暴袭击，沙尘暴卷起的沙石将车体运行方向左侧窗户玻璃全部损坏，在晚点32个小时后，该次列车于12日晚9时41分安全到达兰州站。”

——新华网2006年4月12日电

• “由乌鲁木齐铁路局提供的消息：2月28日2时05分，乌鲁木齐开往阿克苏的5807次旅客列车行至南疆线珍珠泉至红山渠间42公里+300米处，因大风造成机车后9至19节车厢脱轨。目前已证实3名旅客死亡，2名旅客重伤，32名旅客轻伤，南疆线被迫中断行车。”

——新华网2007年2月28日电

图1－3　2006年4月12日沙尘暴期间乘客用棉被封堵被沙尘打碎的列车玻璃窗

（图片来源 http://news.eastday.com/）

图1－4　2007年2月28日沙尘暴过后的翻车事故现场

（图片来源 http://news.xinhuanet.com/）

• 2010年以来我国已发生了12次沙尘天气过程，其中沙尘暴过程7次、强沙尘暴1次。沙尘出现的时间主要集中在3月和4月。24日—25日，甘肃河西走廊遭遇近9年来最强沙尘暴。这次沙尘天气过程中，甘肃共有10多个气象观测站出现了沙尘暴天气，其中酒泉、鼎新、临泽、张掖、民乐、民勤等6个站为能见度低于50米的特强沙尘暴，尤其是民勤和酒泉站，能见度一度达到0米，被民众称为“黑风暴”。此次灾害共造成甘肃武威、张掖、酒泉、白银、金昌、嘉峪关等6市的19个县(市、区)33.73万户、132.56万人受灾；农作物受灾面积达20.68万公顷；因灾倒塌房屋547间，损坏房屋822间。

——新华网2010年4月27日和2010年4月28日电

图1-5 2010年4月24日沙尘暴袭击甘肃的情景

(图片来源 http://www.yn.xinhuanet.com/)

至此，您千万别以为这沙尘暴只是在我国肆虐，它在全球范围内都具有一定的普遍性：

• 20世纪30年代美国大平原上的“黑风暴”（见图1-6）所造成的损失几十年后还无法估算出来，几百万公顷的农田被废弃，到1940年，大平原上的几个州共有250万人口外迁。

• 南澳平均每年有8.5天的沙尘天气，空气中的浮尘量足以引发哮喘病，据估计，南澳20%的哮喘病问题与空气中的浮尘有关。1993年，南澳东部平原的一次大规模沙尘暴，降尘覆盖了澳大利亚东部和新西兰，绵延1 800多公里。细小的土壤颗粒被卷入大气，导致尘土随着气流围绕地球环绕了三圈。1994年，沙尘暴席卷西澳、南澳和新南威尔士西部。据估算，这几个州的农业主产区大约损失了1 000万到1 500万吨表土，这些表土被大风席卷，以沙尘暴形式殃及澳洲大陆的大部分地区。2009年，沙尘暴袭击悉尼(见图1－7)，强风时速达上百公里，全城笼罩在一片橘红色的尘雾中。由于能见度相当低，飞机和渡轮暂时停飞或停驶。

图1－6　1937年美国科罗拉多州的黑风暴

(俄克拉荷马州大学西方史丛书记载)

图1－7　2009年9月23日沙尘暴时的澳大利亚悉尼

(图片来源 http://news.xinhuanet.com/)

• 非洲也是沙尘暴的重灾区。强风导致的沙尘被非洲苏丹当地人称为“哈布风暴(Haboob Storm)”(见图1－8)。2009年3月10日，沙特阿拉伯首都利雅得遭遇20年来最强沙尘暴(见图1－9)。

其实，在太阳系的几大行星中，与地球环境最为接近，一度被称为“天空中的小地球”的火星上的沙尘暴也十分频繁。火星轨道卫星拍摄的图片就可以充分说明这一点。图1－10是由MRO(Mars Reconnaissance Orbiter)拍摄到的2008年10月在火星Icaria地区(39.5°S,103.2°W)发生的一次沙尘暴。这场沙尘暴从

图 1-8　非洲苏丹沙尘暴(图片来源 http://yesee.qianlong.com/)

西向北，作用范围达 30 km × 60 km。

图 1-9　2009 年 3 月 10 日的沙特阿拉伯首都利雅得
(图片来源 http://news.xinhuanet.com/)

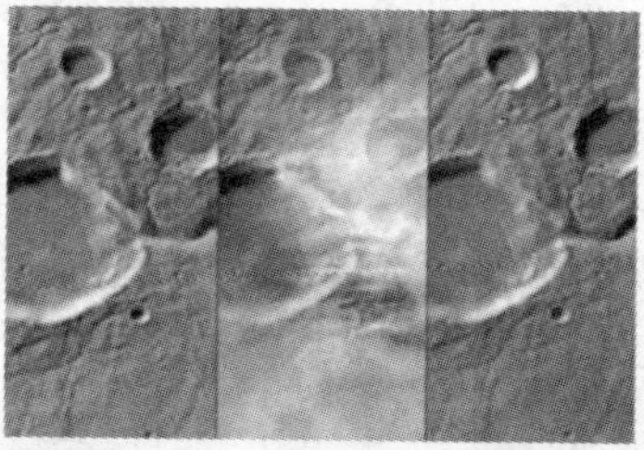

图 1-10　火星 Icaria 地区(39.5°S, 103.2°W)的沙尘暴(由左至右分别为 2008 年 10 月 1 日、6 日和 11 月 3 日拍摄的图片)

事实上，沙尘暴来临时，干燥的地表上裸露的沙尘粒子，在强风作用下，被裹挟着离开地表，形成一堵巨大的沙墙向前滚滚推进。所到之处，大气水平能见度迅速降低，遮天蔽日。当遇到障碍物或风力减弱时，大量的沙尘粒子落到地面，掩埋农田、村庄、工厂、铁路、公路和水源等。大风经过干旱地区，将疏松土壤的表土刮去一层，使上层有机质流失，土壤变贫瘠，扩大土地沙化区域；强风有时拔树毁屋，刮翻火车，破坏农业设施，甚至造成人畜伤亡。沙尘暴扬起的细小尘粒随大气环流被输送到远离源地的其他地区，造成空气污染，水源污染，甚至被带入对流层，并长期悬浮于空中，影响太阳长波辐射，尤其是地气系统的辐射收支和能量平衡。由于沙尘暴来临时，能见度很低，严重影响城市交通和高速公路的正常运行等，给人类的生活和生态环境带来巨大的经济损失[2]。

那么，沙尘暴就真的一无是处吗？常言道：福兮祸所伏，祸兮福所倚。有学者指出：我国北方黄土高原西部的厚达数百米、包含数百层古土壤的红土，就是风成沉积所致，形成于 2 200 万到 600 万年前[3]。由于黄土高原集中了我国五分之一的耕地，养活着我国五分之一以上的人口，因此我国既是沙尘暴的受害者，也多少有点因祸得福。另外，从全球角度看，由陆地释放的粉尘粒子及其携带的铁元素，通过大气环流沉降于海洋，为海洋中的浮游生物送去大量营养物质，使得海洋生物种群繁衍不息，促进了北太平洋的渔业生产[4]。据说，日本的渔业丰收就与当年沙尘暴的强度和次数有一定的正相关性。除此之外，沙尘微粒中含有较多的 Ca^{2+}、Mg^{2+} 等碱性离子成分，还可以把“酸雨”（pH 值 4.7）中和成普通雨水（pH 值 5.6）[5]。

尽管如此，控制和减轻沙尘暴带来的负面影响仍然是目前最为重要和备受关注的问题。这里，一方面是要加强对沙尘暴的准确预报，以便采取有效措施将损失尽可能减小；另一方面是要对荒漠和沙化地表，特别是人口密集区周边的沙化地表进行治理，对重要设施进行防护，以减少起沙源地，减轻危害。无论是预报还是治理和防护，都在一定程度上不可避免地涉及许多力学问题。例如：沙尘暴的起因离不开风和沙，什么样的风、在达到什么临界条件下就会将地表的沙粒裹挟起来？沙粒是如何启动、如何被输送、又是如何沉降的？不仅如此，对沙尘暴的防护，还需要了解沙丘的运动规律，知道影响风蚀的主要因素，并对防护措施进行优化设计等等。如果您想进一步了解沙尘暴，如果您想探知沙尘暴中与力学相关的一些问题，那就请和我们一起走进本书吧！

参考文献

[1] 王式功，董光荣，陈惠忠，李希良，金炯．沙尘暴研究的进展［J］．中国沙漠，2000，20(4)：349－356.

[2] 卢琦，杨有林．全球沙尘暴警示录［M］．北京：中国环境科学出版社，2000.

[3] Guo Z T，Ruddiman W F，Hao Q Z，Wu H B，Qiao Y S，Zhu R X，Peng S Z，Wei J J，Yuan B Y，T S Liu. Onset of Asian desertification by 22 Myr ago inferred from loess deposits in China［J］. Nature，2002，416：159－163.

[4] An Z S，Kutzbach J E，Prell W L，Porter S C. Evolution of Asian monsoons and phased uplift of the Himalayan Tibetan plateau since Late Miocene times［J］. Letters to Nature，2001，411(6833)：62－66.

[5] Wang Z，Akimoto H，Uno I. Neutralization of soil aerosol and its impact on the distribution of acid rain over East Asia：observations and model results［J］. J. Geophy. Res.，2002，107，10.1029/2001JD001040.

2
Chapter

力学与沙尘暴

说到力学，您可能马上会联想到力学家开普勒、伽利略和牛顿完成的“观察、实验、理论”科学方法三部曲；想到普朗特边界层和升力线理论使飞机的科学设计成为可能，以及冯·卡门等突破声障和热障、逾越声速，使人类进入空间时代；想到钱学森——中国力学学会的首任理事长，以及周培源、郭永怀、钱伟长等一批杰出的力学家以及中国的“两弹一星”……。但是，您可能很难联想到沙尘暴。本章就简单介绍一下在沙尘暴预报和防治过程中所涉及的力学问题。

毋庸置疑，沙尘暴其实就是不同大小的沙粒在风力作用下的各种不同形式的运动集合(图 2 - 1)。在风场的作用下，较大粒

图 2 - 1　风沙运动系统示意图

径的沙粒主要沿地表滚动或滑动——蠕移运动，较小粒径的沙粒(尘)大多悬浮于空中跟随气流运动——悬移运动，而更多的中等粒径的沙粒在风场作用下上扬进入气流，在气流中不断获得能量加速前进，又在自身重力作用下以一个相对于水平线很小的锐角迅速下落回地面——跃移运动，其轨迹类似弹道[1]。通常情况下，这些在风场作用下的沙粒运动构成在近地表 1 m 左右高度的风沙流(图 2－2)，就像由沙粒构成的溪流一般。同时，形成沙波纹(见图 2－3)、沙丘以及沙丘场(见图 2－4)。在极端情况下，突发为沙尘暴，从地面至高空都弥漫着大小不同的沙粒，一派沙粒漫天飞舞的景象，并形成数百米高的沙墙壁(图 2－5)。当风速减弱后，它还意犹未尽，无数沙尘悬浮空中持续数天，甚至漂至数千公里以外(图 2－6)。这一系列自然现象本质上是颗粒物质的机械运动，构成一种典型的力学系统，必然遵循基本力学规律。也正因为如此，沙尘暴的形成和演化乃至整个风沙运动，不可避免地存在着与力学——关于力与运动的科学——相关的问题，需要借鉴力学的理论与方法，通过研究沙尘暴(包括风沙运动、孕育、发生、演化、时空分布的定量规律和致灾机理以及临界条件的诊断方法)以更好地认识这些自然现象和规律，为准确地预测、预报提供有效途径，为合理防治方案的设计提供理论依据。

以沙尘暴的数值预报为例。显然，沙尘暴的预报是大气科学

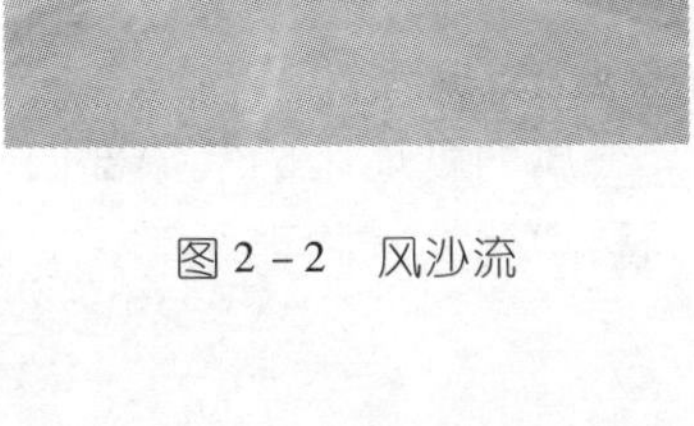

图 2－2　风沙流

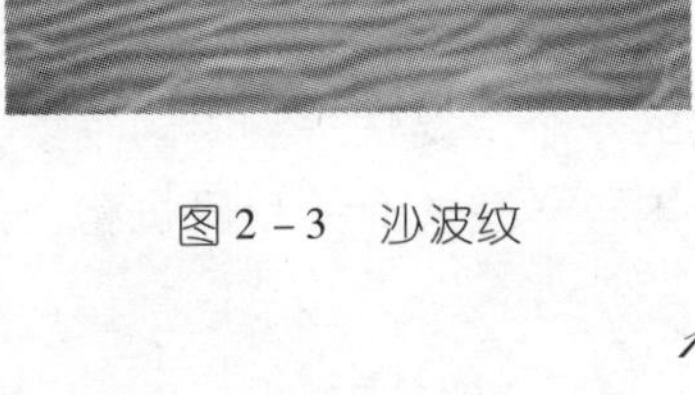

图 2－3　沙波纹

图 2－4　沙丘场

图 2－5　强沙尘暴来临时形成的沙尘壁

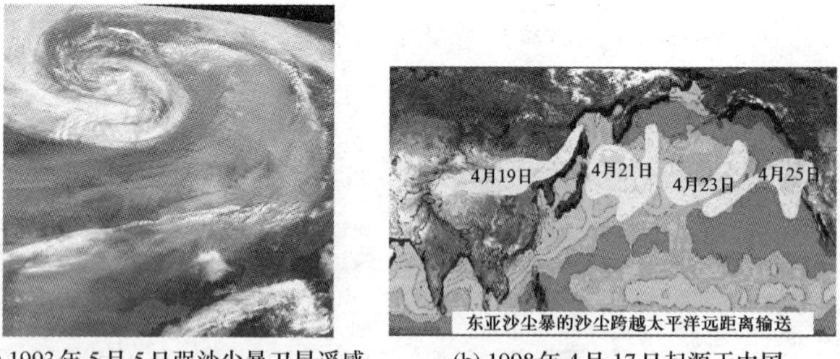

(a) 1993 年 5 月 5 日强沙尘暴卫星遥感照片（图片来源 http://amuseum.cdstm.cn/）

(b) 1998 年 4 月 17 日起源于中国新疆的特强沙尘暴[2]

图 2－6　沙尘暴后的浮尘及其输运

家的一个主要任务。中国气象局及其下属的各地区的气象部门与中国科学院的有关科研机构，如中国科学院大气物理所等，对沙尘暴的预报做了大量的工作，并已经开展了对沙尘天气和沙尘暴的预报工作。但是，沙尘暴预报模式中的一些直接影响预报准确性的关键环节，其本身也是典型的力学问题。

相比天气预报，对沙尘的预报要晚得多，其中所用到的沙尘数值模式是1982年左右才发展起来的，当时还仅限于用一维模型关注沙尘的垂向交换律。随后，相继发展了多个高维数的全球或区域的沙尘数值模式，如：IWEMS，DREAM，DEAD，COAMPS，NARCM等等，以期实现对沙尘天气的定量模拟。这种沙尘天气数值预测系统主要由大气模块、陆面模块、风蚀模块、传输模块、下垫面地理信息系统数据模块和输出模块组成，各模块之间相互联系(见图2－7)。

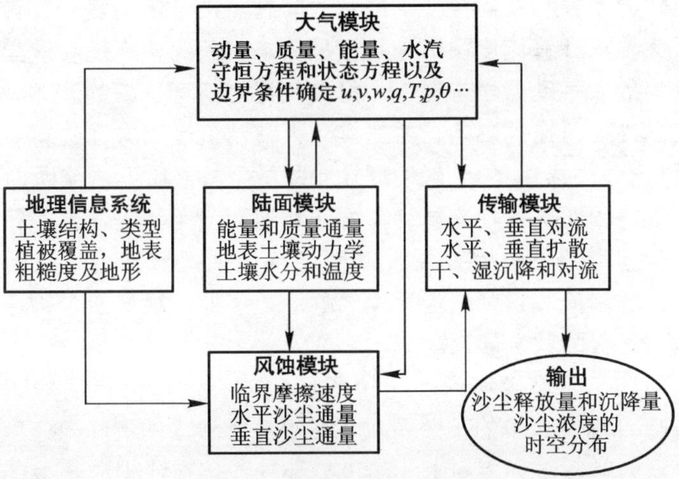

图2－7　沙尘模式示意图[3]

大气模块和传输模块分别提供气象背景场和模拟沙尘的传输过程，而陆面模块和地理信息系统模块主要是通过遥感反演及数值模拟的手段，给出下垫面粗糙度、土壤湿度、土壤类型以及沙源地的分布(即可风蚀区域)等信息。通过这些信息，结合大气模块输出的风场，风蚀模块便可用参数化方法来确定可蚀地表沙尘释放的水平通量以及垂直通量，为传输模块提供边界条件。由此可见，沙尘暴预报模式中的核心就是大气模块和传输模块，其中主要涉及的就是流体力学最常用的连续性方程与动量方程等，至于其他模块的功能可以看作是为这些方程提供相应的参数和初、边值条件。然而，迄今为止，在沙尘预报模式及其理论本身还存在着很多尚未有效解决的问题，难以避免地应用了大量的简化处理。对于初学者来说，这些知识或许有些艰深晦涩，我们还是列举其中的一些典型例子，以便更好地说明这一问题。

大气模式即一组复杂的闭合流体方程组。大气物理现象在时间和空间上的变化研究，便转化为求这一组描写大气运动方程在给定边界条件和初始条件下的解的问题。由于流场复杂、计算量大，又要求计算速度快以满足预报要求，因此，在现有沙尘模式所使用的大气动力学方程中，将大气视为不可压缩的流体，忽略大气黏性对风速的影响，并对实际大气湍流运动方程进行平均化处理(流体力学中的湍流 K 理论)的方式，导致了湍流瞬时信息的丢失。因此，各种流体计算方法和理论，尤其是适合并行的模式框架还需要进一步发展，以期能精确捕捉激波、分辨漩涡运动、处理湍流、识别沙尘暴发生的动力条件、模拟沙尘输送及其与大气过程的耦合问题。

同样在传输模块的沙尘粒子输送方程中，用梯度输送理论(K 理论)确定沙尘的扩散系数，各组粒径沙尘的沉降末速度一般被处理为常数。但事实上，湍流导致的作用在沙尘粒子上的拖曳力的非线性，会使得沙粒的平均沉降末速度低于用平均流方法获得的沉降末速度值；同时，梯度输送理论也不能描述实际大气中的逆梯度输送现象。因此，这些简化在什么程度上是合适的，目前还不十分清楚。

沙尘的粒径在数十微米的量级，而大气模式中，无论采用气压坐标或地形坐标，其垂直网格高度最小也在几十米的量级，二者很难匹配。为此，沙尘模式对输沙通量的处理是根据精度要求进行参数化。那么，如何进行参数化，直接影响预报模式的准确性和实时性。除此之外，其他模块是否能提供准确的参数和初、边值条件，也直接影响沙尘暴预报的准确性。例如，风蚀模块所需要的地表土壤参数——土壤塑性压力，根据目前的研究在 500 ~ 50 000 Pa 之间，范围大，导致输沙通量计算误差大；再如，陆面模块中的土壤湿度强烈影响沙尘的临界起动风速，当土壤湿度误差达到 1% 时，起动风速的计算误差就可以达到 10% 以上。

由以上分析可以看出，尽管沙尘暴的预报模式研究是大气科学家的主要工作，并涉及地学、计算机科学，甚至化学、生物学等学科，但是，它更强烈地依赖于力学理论和方法对风沙运动各个过程的机理和规律的准确认识和定量描述。

除了对沙尘暴的预测和预报外，在沙尘暴的防治方面，也有许多问题直接与力学相关。比如：在防沙工程方面，无论是固沙、阻沙、输沙或导沙，其设施的设计和有效性，往往都是通过反复试验摸索出来的，不仅需要花费大量的人力、物力，还会大大延长设计施工的时间。而已有的防沙工程设施设计的理论依据简单，所采用的模型过于理想化，比如将草方格沙障(图 2 – 8)、栅栏沙障(图 2 – 9)、防护林(图 2 – 10)等处理为刚体，风场也大多处理为平稳的均匀来流。实际上，这些柔性材料制成的防沙设施在风中的摆动或振动会对流场产生强烈的影响，来流风场的

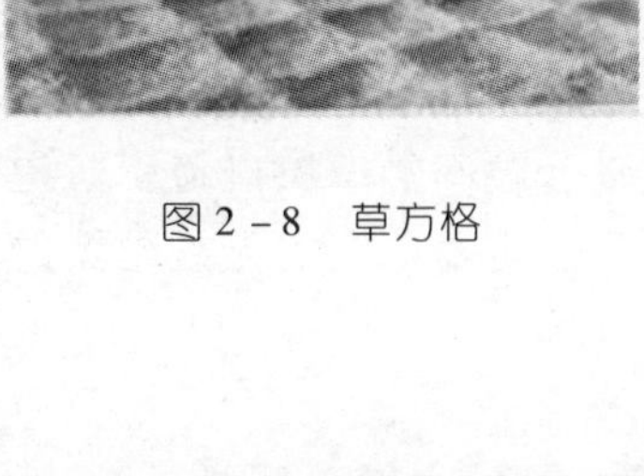

图 2 – 8　草方格

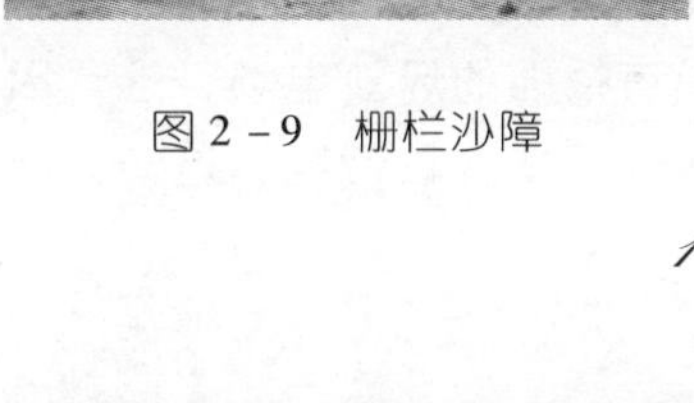

图 2 – 9　栅栏沙障

脉动性和地表的复杂性使得风速不仅随时间也随空间变化。因此，需要同时考虑风沙两相流与沙障或植物的耦合作用。这类问题在力学上称为流固耦合问题，其解决肯定需要力学家们的努力。

图2－10　农田防护林

然而，沙尘暴的形成和演化乃至整个风沙运动系统中的相关的力学问题，远比牛顿当年处理的那些问题要复杂得多，也比近代力学所涉及的那些我们所熟悉并成功解决的问题要复杂得多。这主要是因为沙尘暴的形成和发展过程是一个诸多因素驱动下的多相多组分、复杂介质、多尺度、非线性、非平稳复杂输运的（或流动）过程。

首先，引发沙尘暴的风场在时间和空间上都呈现出强烈的非线性和非平稳特性，这一点我们在下一章会详细介绍。这种风场也是强烈的热对流——大气环流的冷空气与太阳辐射地表后的热空气相互作用的结果。沙尘暴通常出现在午后和傍晚，而夜间至午前相对较少就是证明，因为午后和傍晚地表温度高，近地大气层结构不稳定。有风不一定引起沙尘运动，因为地表条件包括地表含水率及植被的高度、覆盖度等都会影响地表沙尘的黏结力和作用在地表的风力，进而影响沙尘的起动。这也就是为什么沙尘暴多发生在春末夏初地面干燥、植被较少季节的原因了。沙尘暴中有很强的风沙电场，这是因为运动沙粒间的摩擦碰撞引起电荷转移而使沙粒带电，这一方面影响了沙尘暴期间的无线电波的传播、引发输电线的火花放电，另一方面，所形成的风沙电场反过来又会影响沙粒运动。所以，沙尘暴是一个风场 - 沙尘 - 热对流 - 电场相互耦合的系统。

其次，流动的空气与离开地表在气流中运动的沙尘构成了风沙流，这是一类典型的气固两相流。沙尘受到气流作用而运动，对气流也会产生反作用，这种负反馈机制导致在来流风速值不变的情况下，风沙流存在一个从形成、发展到饱和的过程。除了沙尘之外，大尺度的沙尘暴中还有水汽、化学微粒、冰粒等，粒子在被远距离输送的同时还会发生复杂的物理和化学反应，如沙尘作为凝结核可影响水汽分布。这就是我们所说的沙尘暴中的多相多组分复杂介质。

除此之外，粒径在微米量级的沙粒造就了尺度在数厘米量级的沙波纹、数米量级的风沙流、数十米量级的沙丘、数百米高的沙尘壁、数千米量级的沙山和沙垅，沙尘暴影响的范围则可达到数千公里，其空间尺度跨越 8 ~ 9 个数量级；从时间尺度上来看，沙粒的碰撞是瞬间完成的、风沙流在数秒内达到饱和、一场沙尘暴的持续时间可长达几个小时或几天，而沙波纹和沙丘场形成的时间分别是数分钟和数十年，其时间尺度跨越也有 8 ~ 9 个数量级。不仅如此，风沙运动系统中的这些不同尺度上的现象和行为，有着不同的结构层次，不同的演化物理机制和速率，充分体现出不同时空尺度上的物理多样性和耦合特性——这是典型的时空多尺度问题。

因此，从另一个角度来看力学与沙尘暴，我们可以发现，有关沙尘暴的相关研究也是对力学学科的一个新挑战。

例如：沙尘暴来临时，犹如一堵沙墙，大有排山倒海之势。通常，这堵沙墙高数百米，向前移动的速度大于 10 m/s，瞬时可达 20 ~ 30 m/s。沙墙内部沙尘流不断向外翻滚，有点像原子弹爆炸时的蘑菇状烟云的翻滚，但呈莲花状结构。强沙尘暴的沙尘壁前下部向内陷，中前部呈“鼻”型向前突出，“鼻”尖的高度大约在几十米左右。风沙墙的颜色上下不同，上层常显黄至红色，因为上层的沙尘稀薄，颗粒细，大部分阳光能穿过沙尘透射下来。越往下沙尘浓度越大，颗粒越粗，阳光几乎全被沙尘吸收或散射，所以中层呈灰黑色，下层发黑(见图 2－5)。这些只是定性的描述和解释，力学学科体系中的建模、分析、计算、实验有机结合的研究模式和风格，尽管十分有利于对自然现象发生的机理和基本规律的定量揭示，但目前还不能对如上所述的沙尘暴结构给出定量的模拟，甚至是全方位的测量。

原因之一：沙尘暴的野外测量非常困难。一方面是由于沙尘暴多发地区生存条件恶劣、影响因素复杂，另一方面是由于耐磨的合适的实验仪器缺乏，实验仪器的精度和效率也难以保证。而对沙尘暴准确有效地测量，不仅是认识并揭示其规律的基础，也是检验预报理论模式和数值结果可靠性的依据。另一种选择是进行室内风洞实验。风洞实验需要应用相似原理，将研究对象如大气边界层和地形下垫面条件，缩小至实验尺度。风沙运动的实验研究大多是在可控条件好、实验周期短的室内环境风洞中进行。但由于尺度限制，目前的风洞实验还很难同时达到几何相似、物理相似和动力相似的各种相似性要求，以满足大气边界层中风－沙尘相互作用的时空动力学特性，更何况是针对沙尘暴演化过程的实验研究。众所周知，风洞的设计和风洞实验是力学家们的拿手好戏，无论是早期的还是目前的风洞，都是力学家们根据需要，依据空气动力学原理设计的。不仅如此，风洞实验的对象，从飞机到桥梁，几乎都是力学家们将之推广的；风洞实验及其结果也已成为许多工程设计的必要环节和依据。所以，沙尘暴野外和风洞测量的实现很有可能取决于力学学科在测量原理、测量仪器和测量方法等方面的新贡献。

原因之二：定量模拟无从下手。一方面，气体是连续的，称为连续介质，可以用连续介质理论中的流体力学基本方程来描述，但沙尘是颗粒物质，称为散体，如果也用连续介质理论中的固体或流体力学基本方程来描述，显然不能满足连续介质的假定。另外，如图 2－5 所示的沙尘暴中，沙尘流从内向外翻滚、呈莲花状的沙尘壁结构，如果我们按牛顿力学的方法建立一颗颗沙粒的运动方程，别的不说，就这如此巨多的颗粒，其变量的数目也让人望而却步！即使使用巨型计算机能够得到所有颗粒的相应控制方程的通解，仅仅因为要耗费大量的时间和纸张，我们就不可能将每一个颗粒的初值代入方程中。所以，“传统的求解 3 个场方程(连续方程,动量方程,能量方程)以及本构方程的力学范式，对于跨尺度耦合的问题是不够的。我们必须探讨新的范式来包括跨尺度耦合的过程”[4]，而这类多尺度耦合问题广泛存在于生物、物理和工程等研究领域。“多尺度模拟是一个学科高度交叉的领域，包含了在各个领域内独立的发展”[4]。力学学科体系中的建模、分析、计算、实验有机结合的研究模式和风格，很有可能率先提出解决沙尘暴演化过程的定量模拟，进而深化对沙尘暴发生机理和基本规律的定量把握，也为多尺度模拟提供可供借鉴的尝试。

原因之三：风沙运动机理未完全认识清楚。首先，对一系列基本问题或是有待于进一步深入研究，或是因为模型缺乏物理解释而定量结果不准确，比如：单颗沙粒在脉动风场作用下的起动机制；植被盖度和地表含水率以及地形如何影响起动风速进而影响水平输沙通量，现有参数化方案是否合理；参与大气输送的粉尘从地表起动的机制及垂直粉尘通量如何确定；湍流和阵风如何导致了实际风沙运动的强间歇性；各种风沙地貌如沙波纹和沙丘等如何形成演变；沙尘暴带电结构和规律及风沙电场对沙尘输送过程的影响，等等。其次，大气与下垫面(有植被、无植被、地面、海洋、冰雪等)的相互作用及传热传质等过程均要在边界层内发生，现有研究多在中性大气边界层假定下进行，而实际情况是沙尘暴爆发时，大气层结不稳定，湍流迅速增强，加之初、边界条件复杂，因此，如何准确并有效地描述这种复杂的湍流运动，还需要基于对边界层理论的深入研究。

所以，尽管关于沙尘暴的研究，近半个多世纪以来取得了许多卓有成效的进展，为进一步的研究奠定了基础，但仍有许多重要的问题亟待解决。这些问题的提出和解决不仅有利于提高沙尘数值模拟的准确性，也为各种防治措施的实施提供了依据。与此同时，也能够促进力学学科不断地拓展研究领域，发展新理论和新方法。而具有复杂介质、多相多组分、多尺度、时空强非线性、多过程耦合以及复杂边界条件特征的非平稳流动和输运过程也是许多其他环境问题，如水沙、污染物扩散以及许多其他基础学科面对的共性科学问题。因此，沙尘暴和风沙运动系统中的这些问题的解决，也将是促进解决科学前沿共性问题的一种有益尝试。

参考文献

[1] Zheng X J. Mechanics of Wind-blown Sand Movement [M]. German: Springer, 2009.

[2] 秦大河 主编，杨德保，尚可正，王世功 编著. 全球变化热门话题丛书 - 沙尘暴 [M]. 北京：气象出报社，2003.

[3] 邵亚平. 沙尘天气的数值预报[J]. 气候与环境研究，2004，9(1)：127 - 138.

[4] 白以龙，汪海英，夏梦棼，柯孚久. 固体的统计细观力学 - 连接多个耦合的时空尺度[J]. 力学进展，2006，36(2)：286 - 305.

3 Chapter 沙尘暴中的风

俗话说，无风不起浪。对于沙尘暴而言，显然是无风不起沙。因此，风是导致沙尘暴的主要动因。当人们讨厌沙尘暴时，自然首先就要讨论将沙尘刮起的风了。其实，风是一种极为常见的自然现象，以至于常被人吟诵，并以风抒怀。我国先秦文学家宋玉就曾写道："风，起于青萍之末，觉轻渺而欣然；飘荡于八荒四野，拂万物而盘旋；升降于云际本土，志高远而固磐。春夏秋冬，无穷变幻；急旋缓舞，姿态万千。或柔情似水，含情脉脉；或雄姿勃发，气壮河山；或如泣如咽，如歌如诉；或咆哮怒号，动地惊天。"寥寥数语，充分概括了自然界中的各种风况，包括风的大小和方向，亦即风力和风向。

与文学家的描述不同的是，在气象上，风的大小是根据风对地面物体的影响程度来确定的。根据不同的地表景象，风的大小分为十二个等级(见表 3－1)，其中对应的风速是在离地面 10 m 高度处测得的 10 min 平均值。风的风向分东、西、南、北、东南、西北、东北、西南 8 个方位。我们通常听到"西风，3 到 4 级"的天气预报，就是比较直观地描述风的方向和大小的。但在科学研究中，则是采用更为细致的定量方法描述：以静风的频度为原点，沿16个罗盘方位，各引出一条直线，不同直线的长度与这个方向的风的频度或平均风速成正比。由于这样绘出的图形往往类似玫瑰花朵，所以也被称为“风玫瑰”（见图3-1）。有些风玫瑰图上还指示出了各风向的风速范围。

表3-1 风力等级表

风力等级	名称	相应风速(m/s)	中间值	风的特征
0	静风	0~0.2	0	烟几乎垂直上升，树叶不动。
1	软风	0.3~1.5	1	烟能表示风向，但风向标不动。
2	轻风	1.6~3.3	2	人脸感觉有风，树叶有微响，风向标能转动。
3	微风	3.4~5.4	4	树叶及树枝摇动不息，旌旗展开。
4	和风	5.5~7.9	7	能吹起地面灰尘和纸张，树的小枝摇动。
5	劲风	8.0~10.7	9	有叶的小树摇摆，内陆的水面有小波。
6	强风	10.8~13.8	12	大树枝摇动，电线呼呼有声，举伞困难。
7	疾风	13.9~17.1	16	全树摇动，大树枝弯下来，迎风步行感觉不便。
8	大风	17.2~20.7	18	可折毁树枝，迎风难行。
9	烈风	20.8~24.4	23	烟囱及平房顶受到损坏，小屋遭受破坏。
10	狂风	24.5~28.4	26	陆上少见，可使树木拔起或将建筑物吹毁。
11	暴风	28.5~32.6	31	陆上很少，有则必有重大损毁。
12	飓风	>32.6	>33	陆上绝少，其吹毁力极大。

那么，究竟什么是风呢？简单来说，风就是空气的流动，它是由大气运动形成的。风速沿地表高度是变化的，这主要是因为在我们居住的地球表面上方，存在着一个很厚的大气层，大气的

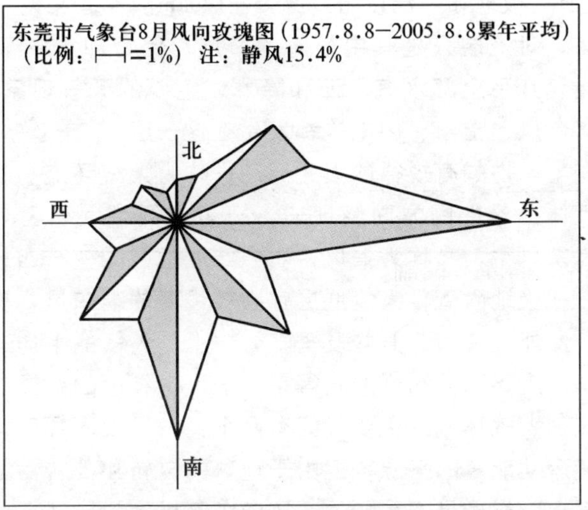

图 3 – 1　风向玫瑰图

主要成分为氮气、氧气和悬浮于其中的固体粒子或液体粒子——气溶胶。大气的压力、温度和密度是随高度变化的。通常按大气温度随高度变化的特征，把大气分成对流层、平流层、中间层和热层（见图 3 – 2）。在赤道附近及热带的对流层厚度约为 15 ~

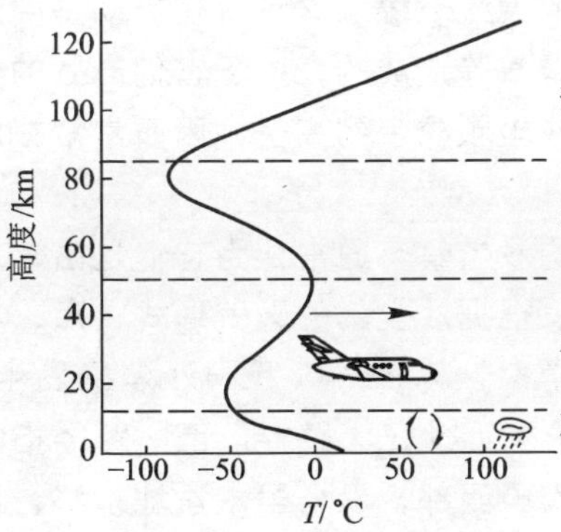

图 3 – 2　大气分层的示意图

20 km，而在极地和中纬度带约为 8 ~ 14 km。尽管相对于整个大气层而言，对流层只是其中很薄的一层，但它却集中了 75% 的大气质量和几乎全部水汽、云和降水，主要的天气现象和过程，如寒潮、台风、雷雨、闪电等都发生在这一层。

具有全球性的有规律的大气运动，称为大气环流。在对流层里，它大体上沿纬圈方向绕地球运行。在低纬度地区常盛行东风，称为东风带，又称为信风带。中纬度地区则盛行西风，称为西风带。在极地附近，大气低层存在较浅薄的弱东风，称为极地东风带。此外，在南北方向及垂直方向上，大气的平均运动构成三个经向环流，即低纬度的哈得来环流、中纬度的费雷尔环流和极地环流。大气环流的主要成因有两个：一是太阳辐射，这是地球上大气运动能量的来源，但由于地球的自转和公转，地球表面接受太阳辐射能量是不均匀的，热带多而极地少，从而形成大气的热力环流；二是地球自转，在地球表面运动的大气都会受地转偏向力作用而发生偏转。大范围地区的盛行风随季节发生显著改变，称为季风，它也是大气环流的一个组成部分。海陆热力性质差异导致的冬夏间海陆气压中心的季节性变化，是形成季风的主要原因。相对于大气环流和季风而言，发生在对流层中的强对流和风暴是更为剧烈的天气现象。这种气流运动是由尺度更小的气旋和锋面、飑线、雷暴等造成的，由于它们产生的显著的垂向气流运动能将大量的沙尘颗粒带到高空，因而常常在沙源丰富的地区形成沙尘暴。

我国频繁出现的沙尘暴，通常认为它们是由季风或季风扰动形成的强风促成的。根据沙尘暴的天气形式特点、冷空气来源及云图特征等，气象学家认为，导致我国沙尘暴发生的强风气流，主要来自西方、北方和西北三大路径。西方路径指空气从中亚翻越帕米尔高原进入南疆西部，沿塔里木盆地东移，影响南疆、河西西部及青海北部，使其出现大风、沙尘暴天气，并随冷空气途经塔克拉玛干和古尔班通特古沙漠东移；西北路径指冷空气源于北冰洋冷气团，强冷空气自西西伯利亚向东南经我国北疆、内蒙古西部入侵河西走廊，造成大风沙尘暴，穿过巴丹吉林和腾格里沙漠，然后东移至鄂尔多斯高原；北方路径指冷空气来自极地气团或变性气团，经贝加尔湖、蒙古国南下，影响我国西北地区东部和华北等地，从而引发大风沙尘暴。

气象学家根据产生沙尘暴的天气系统，又将沙尘暴划分为纯干冷锋型沙尘暴、蒙古气旋与冷锋混合型沙尘暴、蒙古冷高压槽型沙尘暴和干飑线与冷锋的强对流混合型沙尘暴四种类型[1]。

纯干冷锋型沙尘暴的形成是因为有强大的冷气团（冷高压）由西西伯利亚南下，经新疆北部，沿河西走廊东移，或由西西伯利亚向东南方向经蒙古西部，自西北方向袭击我国（西北路径）。由于锋后冷气团前部有强气压梯度，大气受强气压梯度力和变压梯度力共同作用形成强风。这一类纯干冷锋型沙尘暴的强度与太阳辐射的日变化有关：白天，冷风后的沙尘暴区太阳辐射很难到达地面，而锋前天空晴朗，地表容易吸收太阳辐射而升温，造成锋前后的大气加热不均匀，增加了温度梯度，造成局地锋生，使地面风速不断加大，被扬起的沙尘不断增加；而入夜后，冷锋后沙尘区的沙尘阻挡了地面长波辐射散失，地面冷却缓慢，锋前地面冷却快，使得冷锋前后的温度梯度减小，造成局地锋消，所以沙尘暴在午后到傍晚最强，入夜后明显减弱。纯干冷锋是造成强沙尘暴的最主要天气系统，这也就是人们为什么会感觉沙尘暴大多是发生在下午 2 点—6 点左右的原因了。

蒙古气旋与冷锋混合型沙尘暴源于蒙古气旋的强烈发展：气旋加深导致在地面形成强风，气旋暖区及冷锋后分别为西南大风或偏西大风，沙尘暴带随气旋中心移动路径会自西向东延伸。而蒙古冷高压型沙尘暴是由于有强大的冷气团（冷高压）自西西伯利亚南部向东移动，在蒙古国及与我国毗邻地区形成强盛的冷高压。其前部冷锋会扫过我国北方，与此同时，在我国河西走廊到河套地区有暖倒槽（或低压）自南向北发展，在冷高压与暖倒槽之间形成强气压梯度力，导致偏东大风，触发蒙古冷高压槽型沙尘暴。当地面冷锋前的暖气团中已有干飑线或中尺度低压等生成并发展时，触发强风和沙尘暴，天气尺度冷锋赶过来后，大风及沙尘暴得到加强，即干飑线+冷锋的强对流混合型沙尘暴。

形成沙尘暴的气旋和锋面、飑线主要发生在对流层，而在对流层的底部，从地面开始至600~1 000 m高度的这一层大气，其运动还明显受到地表阻力的影响，因而在地表附近形成了很大的风速垂向梯度，人们把这层空气称为大气边界层。大气边界层又可以进一步划分为黏性层、近地层和上部摩擦层。黏性层是紧靠地面的一个非常薄的流层，其厚度一般仅有1 cm左右。在该层内，气体的黏性起着主要作用。这种黏性是相邻两部分气体团以不同速度运动时不断发生相互间的分子交换，从而产生动量交换时形成的一种内摩擦力(也称剪应力)，相当于一种阻力。这种黏性使得光滑壁面上的流速变为零，但由于地球表面的地形起伏和复杂的地表性质，即使是在平坦的情况下，地表面的流速也不为零。流体力学上，未包含黏性力的方程称为欧拉方程，而包含了黏性力的方程则称为纳维-斯托克斯(Navier-Stokes)方程，简写为N-S方程。黏性层之上的50~100m为近地层，这一层内的风向基本上不随高度变化。在近地层以上，由于地表对风的影响随高度不断减弱，气流受到的合力方向不断变化，导致风向不断偏转，最后，气流基本上只受气压梯度力和科里奥利力(由于地球自转而产生的力)的作用，风向也不再改变。因为人类的生产生活主要集中于大气的边界层，因此边界层与人类的相互影响也最为直接。

在大气边界层内，特别是近地层，空气微团或空气质点的运动几乎总是无规则的、随机的，具体表现在各局部流动量(如速度、压强、温度、浓度)的瞬时值均可表示为平均值与一个在时间和空间上都做急剧随机变化的脉动值之和，且脉动部分的平均值等于零，这种流动称为湍流(或紊流)。湍流是一个历久弥新的难题，早在1883年，英国著名实验流体力学家雷诺(O. Reynolds，1842—1912)就做了一个试验。他将苯胺染液注入长的水平管道水流中做示踪剂，然后观察管中水的流动状态。他发现：当水流速度较小时，苯胺染液形成一根纤细的直线与管轴平行，互不混合，于是他将流体的这种分层流动称为层流。随后，慢慢增加水的流速，发现当流速达到一定值后，流动形式突然发生变化，苯胺染液细线受到激烈的扰动，染液迅速地散布于整个管内，流动十分紊乱(图3-3)。他将这种流况称为湍流，将流动状态自层

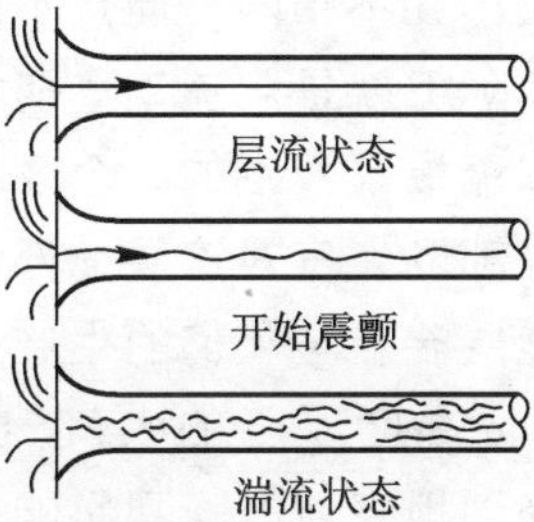

图3-3　雷诺与湍流

流过渡为湍流的过程称为转捩，并提出了后来被称为“雷诺数”的十分重要的无量纲参数，用以表征流动中惯性力与分子黏性力的相对大小。通常可以把雷诺数小于10^3量级的流动看作“层流”，大于10^3量级的看成“湍流”[2]。湍流是自然界普遍存在的复杂而无序的动力学行为之一，显现出宽广的空间尺度和时间尺度。从旋转的银河、宇宙尘埃、咆哮奔腾的惊涛骇浪，到神秘莫测的等离子体漩涡，甚至化学和生物学领域，无不显现湍流现象。

近地层内的雷诺数一般为$Re \approx 10^7$，因此，在与我们人类息息相关的近地层内，气流的运动几乎总处于湍流状态，无论是水平还是垂直方向的风速都存在着强烈的脉动。当室外风速超过1 m/s时，不管看起来是如何平稳的吹过，它也必然为湍流。人

们时常可以感受到这种大气湍流：经常坐飞机的人都会有这样的经历，在飞行过程中，乘务员会告知乘客：飞机遇到气流颠簸，请系好安全带。这所谓的气流颠簸其实就是大气湍流，它对飞行器的飞行性能、结构载荷、飞行安全的影响很大；唐代诗人王维的“**暧暧远人村，依依墟里烟**”和东晋文人陶渊明的“**渡头馀落日，墟里上孤烟**”，所描述的是炊烟袅袅上升的悠然形态，形象地刻画了从烟囱中排出的烟气的涡旋式扩展，这实际上就是一种湍流扩散；风中摇晃的树枝运动各不相同，不仅表明各个树枝处的风力大小并不相同，而且不同部位的风的变化也好像是无规则的，这实际上就是湍流动量随机性的一种表现。

大气湍流最常发生的3个区域是大气底层的边界层内、对流云的云体内部及大气对流层上部的西风急流区内，其中大气边界层内的近地层湍流与人们的生产生活有着最为密切的联系。在近地层中，2 m 高度以下的大气流层常被称为贴地层，在这一层中，风速受到地表面的强烈影响，速度变化剧烈，导致引起沙子运动的风几乎全部都是一种湍流，它对地表的物质输送和沉积有着重要的影响。此外，地表起伏和覆盖物的频繁变化也使得大气边界层(特别是近地层)内的空气流动更为复杂。地表性质复杂的时空变化和强湍流特征使地表物质的侵蚀和沉积随着风速情况和地表特征的不同而变化。沙尘暴期间近地层风场的湍流特性更为明显。彩图 3－4(见书后)是郑晓静研究组在甘肃民勤测得的2010 年3 月 19 日那场沙尘暴期间，高度分别为 8 m 和 47 m 处的风速。彩图 3－4 中的 v_x，v_y，v_z 分别代表平行地表沿风向的水平速度、平行地表与风向垂直的侧向速度以及垂直地表的垂向速度，图中的横坐标为时间。由图可以看出，三个方向的风速随着时间的脉动非常强烈，而且通过对图中数据的分析发现，垂向和侧向风速的脉动可以高达 ±5 m/s，远大于该方向的平均风速(小于 1 m/s)。尽管在沙尘暴中水平方向的平均风速对于沙粒的起动和输送起到绝对的控制作用，但垂直方向的风速脉动则是小沙粒向空中输送的动力之一。大气边界层湍流运动中伴随着能量、动量、物质的传递和交换，由于湍流运动速度远远大于层流，因此湍流中的扩散、剪切应力和能量扩散也比层流高好几个数量级。沙尘暴时，沙粒的漫天飞舞，滚滚翻腾就是湍流扩散作用的结果。

大气湍流乃至一般的湍流运动，除了具有随机性和很强的扩散能力外，它还是多尺度的。由于流动的不稳性，湍流中会同时出现大大小小的寿命和尺度不等的涡旋，它们相互叠加、互相作用。以大气边界层湍流为例，其中大尺度的旋涡可达数百米，而最小尺度约为 1 mm，涡旋存在的时间从数毫秒到数十分钟。在大气边界层湍流中，最大尺度的涡旋一般是由边界层中运动不稳定的气块产生的，由于这些涡旋仍是不稳定的，常常会分解为更小的涡旋。这样的分解会不断地进行下去，直到形成黏性力能与惯性力平衡的涡旋。由于这些尺度最小的涡旋受到黏性的控制，因而又被称为黏性涡。在涡旋的分解过程中，流动的动能也不断地从平均流传递到大的涡旋并最终被最小的黏性涡转化为热能，这种能量从动能转变为热能的过程就是湍流耗散性的体现。大气边界层中形成的大的涡旋(水平尺度约 10 m 至数百米)在水平方向上的尺度和脉动强度要比高度方向上大得多，这种涡旋尺度或湍流脉动特征在方向上的差异又表现了边界层湍流的各向异性特征。由于小涡旋(水平尺度小于 10 m)的运动受边界的影响较小，因此其脉动特征在各个方向上基本上是相同的，这种小涡运动就是科尔莫戈罗夫(Kolmogorov)提出的湍流局部各向同性的体现。因此，可以说大气边界层湍流在整体上是各向异性的，但在局部则是各向同性的。

现代湍流研究表明，包含不同尺度的运动涡旋的湍流运动也并不是完全随机的，而是包含着一些有序的流动结构，这种流动结构就被称为“拟序结构”或“相干结构”。拟序结构的发现不但对认识湍流意义重大，而且有着深刻的哲学内涵，它说明尽管湍流运动在本质上可能是混沌不可预测的，但有序的结构仍能在其中产生。在大气边界层湍流中也观测到了相干结构，有学者将这种具有相干结构的风称为阵风。从北京沙尘暴期间的监测结果(图3－5)发现：阵风波谷(箭头向上的时段)对应着一股上升气流，它直接导致地表起沙并将沙尘带到大气边界层上层，一段时间后出现的阵风波峰(箭头向下的时段)则对应着下沉气流，这时地表起尘终止而出现了扬尘间歇期，并一直持续到下一次阵风波谷出现，由此可见沙尘暴中的起沙和扬尘都具有受阵风直接影响的明显阵性特征。除了大气流动外，科学家们还在各种其他的复杂系统中发现了拟序结构，大者如直径达四万千米的木星大红斑[4]，小者如晶体中只有几纳米大小的电荷密度波[5]。此外，在现代物理学中备受关注的孤立波，即非线性波动方程的能量有限解，能量被集中在空间的有限区域内而不会随时间扩散到无限区域中去，也是一种特殊的拟序结构[6]。更进一步的研究认为：拟序结构是由于系统中存在色散与非线性两个作用相互平衡而形成的[5]。

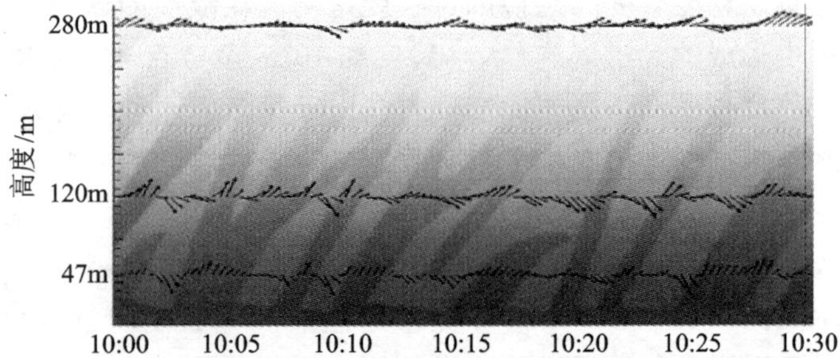

图3－5　用1 min光滑平均得到的风速矢量和沙尘浓度分布的时间剖面图，图中箭头表示风速矢量，而阴影部分表示沙尘浓度较大的区域[3]

湍流运动复杂性的根源在于它是强非线性系统的运动，由此使得各种不同尺度的涡旋运动耦合起来，无法将它们分别研究。大气系统耦合运动的结果之一导致了其本身具有强烈的敏感性或长时间的不可预测性，这使我们不但不能对瞬时风速作出准确预测，而且也影响了长期天气预报的可靠性，更使得天气系统变成一种混沌系统。一个形象且生动的比喻常用来说明大气系统的混沌特性：一只南美洲亚马逊河流域热带雨林中的蝴蝶，偶尔扇动几下翅膀，可能会在两周后引起美国德克萨斯州的一场龙卷风。这也从另一个方面说明：对于天气情况，通常来说，超过两周以后的预测便不再可行了。然而，大气系统的混沌特性并不意味着我们完全不能预测它的变化，事实上，在天气尺度上(1～5天)通常对大气系统的简化是合适的，这也是天气预报常常能够成功的原因所在。

由于湍流的复杂性，自1883年雷诺确定了作为科学问题的湍流后，科学家，特别是力学家们对湍流开展了不懈的研究。物理学家、力学家以及一部分数学家们通过建立能反映其某些重要性质的模型来解决工程中的问题，并进一步认识湍流。随着计算机科学的发展和计算流体力学的成熟，特别是大涡模拟技术的广泛应用，计算流体力学已成为现代湍流流体力学不可或缺的一部分，并在工程应用中起着越来越重要的作用。“在这100多年中，对湍流的认识的确取得了很大的进展，否则如航空、航天、船舶、动力、水利、化工、海洋工程等工程技术，以及气象、海洋科学等自然科学都不可能有今天的进展。但另一方面，人们对湍流的认识又还很不全面，从而制约了这些工程技术和自然科学的进一步发展，也可能会对21世纪的某些新兴科学技术的形成起到制约作用”[7]。也正因为如此，力学家们再一次将湍流列为本世纪科学难题。

可以相信，在不远的将来，人们对于像沙尘暴这类的复杂非线性湍流运动将会获得更深入的理解，并能在一定程度上实现对它的控制。

参考文献

[1] 刘景涛，钱正安，姜学恭，郑明倩．影响中国北方特强沙尘暴的环流系统分型研究[J]．干旱区资源与环境，2004. CNKI：SUN：GHZH. 0. 2004 - S1 - 002.

[2] 特里顿．物理流体力学[M]．董务民，等译．北京：科学出版社，1986，301.

[3] 曾庆存，董超华，彭公炳等．千里黄云——东亚典型沙尘暴[M]．北京：科学出版社，2006.

[4] 王振坡，王丽艳，刘书声．木星“大红斑”的旋转浅水实验模拟研究[J]．天文学报，2001，42(4)：397 - 407.

[5] 颜家壬．孤立子简介[J]．现代物理知识，1990，5.

[6] 黄迅成．孤立子[J]．大学物理，1983，3.

[7] 周恒．21世纪100个科学难题：力学的世纪难题——湍流[M]．长春：吉林人民出版社，1998.

4 Chapter 沙尘暴的测量

诸葛亮草船借箭是一个家喻户晓的故事，人们在慨叹诸葛亮聪明大胆的同时，也常惊奇于他对天文现象的神机妙算：竟然能够提前三天预知江面起雾的情况。然而，一千多年后的今天，人们已经不仅能够预测未来一周内天气变化的大致情况，而且还能对沙尘天气进行预报，而这一切应该归功于天气预报系统以及在此基础上发展起来的沙尘预报模式。

无论是天气预报系统还是沙尘预报模式，其核心之一都是基于流体力学理论并大量简化后的大气动力和热力学方程组，其基本思路出自于 1904 年挪威气象学家皮叶克尼斯（Vilhelm Bjerknes）的著作《从数学力学观点研究天气预报问题》。这些方程组在数学上通常都是以偏微分方程的形式出现，因此提供正确的初始条件和边界条件，是得到这些方程确定解答的关键。而这些初始条件和边界条件的给出，无论是对天气预报系统还是沙尘预报模式，都基于对包括气象要素（如风速、温度、湿度、气压等）和沙尘要素（如 TSP——小于 100 μm 的颗粒悬浮物的总称、沙尘暴粒子等效粒径、光学厚度、大气柱沙尘总量等）的地面观测和卫星反演结果。不仅如此，这些观测数据及其正确分析也是检验和修正天气预报系统和沙尘预报模式准确性的依据。例如：与实测结果的比较表明，孙建华(2004)、邵亚平、董超华(2006)等人对2002年3月19日—22日发生在东亚地区沙尘暴的模拟结果都存在着一定的错报和漏报的情况；而T. Niu等人(2007)对2006年4月8日发生在中国的沙尘天气的模拟结果表明，在经过数据同化系统后，模式的效果会得到提高，但是仍然存在模式错报的现象；所以，对各类气象要素和沙尘要素的野外实际观测是提高天气预报系统和沙尘预报模式准确性的基础性工作。下面我们简要介绍野外实际观测中的气象观测和大气边界层观测，重点介绍对沙尘天气的观测。

气象观测和大气边界层观测都是对包括风速、温度、湿度、气压等气象要素进行的测量，但它们观测的时空尺度有较大差异。气象观测的空间尺度都在百公里量级，如陆地上的地面气象观测站之间的距离最小也有百公里左右，而高空气象观测站之间的距离一般约200 km～300 km；地面气象观测的时间尺度大约6 h，主要观测内容有10 m处风速，2 m处的温度、湿度，而高空气象观测大约为12 h一次。由于大气边界层观测要测量湍流脉动，因此其观测的时空尺度为湍流尺度，一般分别小于3 km和1 h。另外，气象观测和大气边界层观测的手段也不一样。前者的常规观测包括地面气象站观测和无线电探空仪观测，非常规观测则包括卫星、雷达、飞机、船舶等。而后者的测量方式主要有传感器直接测量(如图4－1为采用超声风速仪测量近地层湍流)和遥感测量两种，且获得的时空分辨率越高，时间和经费代价往往也越大。但是，正因为时空分辨率高，大气边界层观测才可以给出风速、温度、湿度的垂直分布和它们在边界层及其子层内的时空变化规律，以及地面辐射收支与能量、通量平衡情况等。边界层观测的实验室测量一般是在风蚀风洞中进行的，这部分内容，我们在后一章进行介绍。

再来看看对沙尘天气的观测。由于沙尘暴是一种中小尺度的

图 4 – 1　大气边界层中近地层湍流的测量[2]

天气现象，其变化时间仅几小时，空间尺度为几十至一百公里左右，因此，这种天气现象的发展变化很难被常规气象站网捕捉到[1]。目前我国对沙尘暴的观测主要是基于中国气象局沙尘暴监测站网系统。虽然在沙尘暴期间的诸天气要素中，风速只是其中之一，但风却是其他要素变化的基础，因为没有大气流动，一切大气过程都不会发生。因此，我们下面主要谈谈针对风及沙尘的观测。

风的测量是靠风速和风向测量仪器来实现的。风的野外测量仪器分为低频测量仪器和高频测量仪器。前者主要包括风杯风速计（单轴式与三轴式）、螺旋桨式风速表、单向风标、双向风标，而后者包括超声测速仪、热线/热膜风速仪等。其中，风杯风速计和超声测速仪是大气测量中两种主要的测速仪器，经常被安装在测杆、支架或多层高架铁塔上。它们的区别是：前者靠风对风杯产生的总扭力矩产生转动，其转速和风速近似成正比，测量的频率一般不高于 1Hz，风杯的起动风速不为 0，并且风杯的惯性也会影响测量的精度。但由于其造价低廉，所以风杯风速计在沙尘天气观测中也被广泛采用。问题是细小的沙尘容易进入风速计内，使风速计内部摩擦力增大，从而造成测量结果的错误，所以风杯式风速计在沙尘天气使用时一定要注意密闭性并要经常进行标定。后者则是根据超声波在顺气流运动和逆气流运动时产生的

(a)

(b)

图4-2　风杯风速计(a)和 CSAT-3D 超声测速仪(b)

时间差及两相对探头间的距离，来计算空气在两探头连线方向上的速度。超声测速仪能测量的最低风速几乎为零，其测量频率可达 100 Hz，所以测量精度高，能满足近地表湍流的测量要求(见图 4-2)。但超声风速仪价格昂贵，且维护困难，如需要经常检查仪器水平度、采取和检查数据及保证仪器的供电等，因此现在多数用于短期科学实验测量(如自动气象站中湍流动量通量的测量)。在沙尘天气的观测中，目前仅应用于个别沙尘暴观测站中，如塔克拉玛干沙漠腹地塔中站在离地面9.5 m高处装置了一台超声风速仪，而中国科学院大气物理研究所则将超声风速仪装置在 325 m 的气象塔的 47 m、120 m 和280 m高度处。虽然超声风速仪的精度较高，但其探头体积较大，从而对来流造成一定的影响。此外，由于探头在受沙粒冲击时不能输出正确的风速值，因此在强沙尘暴天气中使用超声风速仪，尤其是测量接近地表处的湍流时，超声风速仪会因为运动沙粒的撞击出现很多异常点(一般称为野点)，有时这种异常点之多会导致测得的数据是无效的。

在大气湍流风速的测量中，热线热膜风速仪也是一种应用广

泛的仪器(见图4-3)。热线风速仪的测速原理是将一根通电加热的细金属丝(称热线)置于气流中，热线在气流中的散热量与

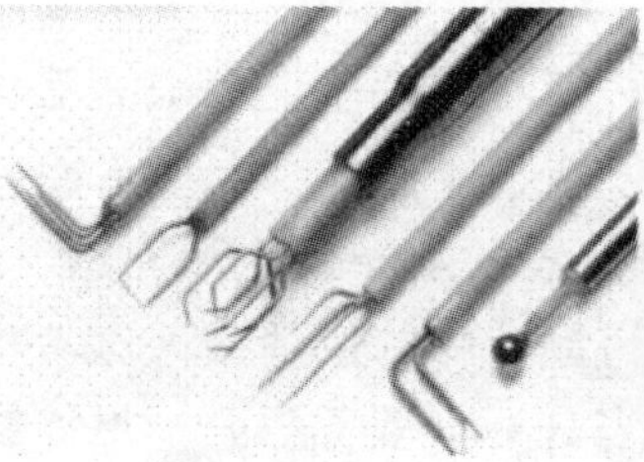

图4-3　热线风速仪及热膜风速仪(左)及其热膜风速仪在风沙边界层测量中的应用(右)[4]

气流流速有关，而散热量导致热线温度变化，从而引起电阻变化，流速信号转变成电信号。它有两种工作模式。一种是恒流式，通过热线的电流保持不变，温度变化时，热线电阻改变，导致两端电压变化，由此测量流速。另一种是恒温式，热线的温度保持不变，根据所需施加的电流可度量流速。恒温式比恒流式应用更广泛。若以一片很薄(厚度小于0.1 μm)的金属膜代替金属丝，即为热膜风速仪。与风杯风速计和超声测速仪相比，热线/热膜风速仪具有探头体积小、对流场干扰小、响应快(能高频测量非定常流速)、能测量超低速(如低达0.3 m/s)等优点。但在沙尘环境应用时，热线风速仪的热线很容易被沙尘颗粒打断，所以不加防护装置的热线风速仪是不能在沙尘天气下使用的。而如果使用不锈钢套管将热线传感器的热丝紧紧包裹起来，虽然延长了探头的使用寿命，却使探头的频响明显降低(不足10 Hz)。相对来说，热膜风速仪耐磨损能力要更好一些，如Baas[4]等曾利用热膜风速仪测量地表风沙流中的风速脉动情况(见图4-3)。尽管如此，在沙尘环境中使用数十个小时后，热膜风速仪的热膜也有可能被沙粒磨蚀穿透，标定会发生漂移。同时，具有大动量的沙粒对探头的直接碰撞会造成探头的振动，从而出现较大误差。

在沙尘暴期间，强风会将地表的沙粒和尘粒卷起，从而造成浑浊的沙尘颗粒和空气的混合物，测量沙尘暴期间的沙尘颗粒随时间和空间的变化信息也很重要。对沙尘暴中的沙尘浓度的测量分为直接测量和间接测量。直接测量使用的主要有 TSP 采样器和 PM10 粉尘仪，而间接测量主要是测量能见度、大气浑浊度、大气光学厚度的能见度仪、太阳光度表、激光雷达和遥感卫星等。TSP 采样器是使用涡轮风机将含有颗粒物的空气抽进仪器，然后使颗粒物被截流在滤膜上，经过一段时间取下滤膜，用称重法来计算此段时间内的 TSP 颗粒的平均浓度，或将此滤膜上的颗粒进行粒度分析得到空气中 TSP 颗粒的粒径分布特征[5]。PM10 粉尘仪测量的基本原理是：当空气中的颗粒通过激光照射到测量区时，颗粒会散射入射的激光，散射光强的大小与颗粒的直径有关。测量一定时间内散射光强的脉冲数目以及光强的大小并根据空气流量，就可得到单位体积空气中的颗粒数目 N[6]。

在间接测量中，激光雷达通过测量消光系数进而间接地反映沙尘浓度随高度的变化信息。其工作的一般原理是：采用脉冲激光器作为发射源，向大气中发射一束具有高指向性、高能量的窄脉冲宽度的激光束，通过望远镜收集大气中物质产生的后向散射光，并对散射光进行光谱分析，剔除杂散光信号，经光电转换后获得电信号，由计算机进行数据采集、信号分析及数据反演，即可得到所需大气参数或信息[7]。图 4 – 4 给出了激光雷达的构成示意图(左上图)和观测装置(左下图)[8]，及在一次沙尘暴期间所测量到的部分结果[3]。由于大气中的沙尘对太阳辐射及地面和云层长波辐射的吸收和散射效应，从而改变了大气的光谱特征，利用不同光谱波段上沙尘、云系和地表的散射和辐射特性的差异，人们就能将沙尘暴信息从遥感卫星数据中分离出来。由于遥感卫星资料具有测量范围广，能够实现沙尘暴的动态和实时反映的优点，从而在沙尘粒子的间接测量方面起着非常重要的作用，它不仅弥补了地面观测数据时空分辨率的不足，同时还可以与地面观测数据进行相互比较和验证，从而提供更为可靠的沙尘浓度和分布信息，进而为沙尘暴的预报提供更准确的初边值条件。尽管遥感观测能够比直接测量获得范围大得多的沙尘资料信息，但它们得到的都不是数值预报方程组能够直接应用的模式变量(风、温、压、湿等)，要将遥感资料和沙尘天气预报系统结合起来就需要资料同化，而资料同化中目前还存在着尺度转换的问题，即：从观测尺度的值近似地转换成数值模式尺度的值。

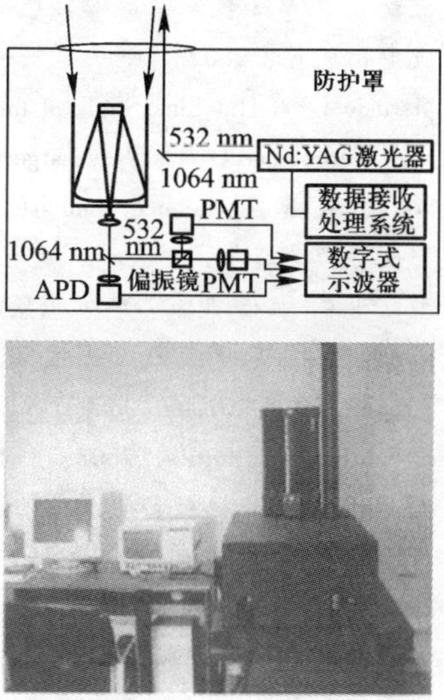

图 4－4　NIES 型激光雷达的构成及观测装置[8]

总而言之，沙尘天气下的气象信息(风速、温度、湿度、气压等)和沙尘气溶胶的物理(粒径、浓度、电磁特征等)和化学性质(组成元素及含量)的系统测量，对进一步完善沙尘天气预报系统及实现沙尘天气的准确预报起着关键的作用。此外，由于大气湍流的随机性特征，对沙尘天气下近地表三维湍流风场和沙尘浓度的高频测量及沙尘垂直分布的遥感测量也是非常必要的，这将有助于更为准确地给出风蚀模块中的沙尘垂直通量等信息，从而确保沙尘天气预报的准确性。

参考文献

[1] 丑纪范．大气科学中的非线性与复杂性[M]．北京：气象出版社，2002.

[2] Marusic I，N Hutchins. Study of the Log-Layer Structure in Wall Turbulence Over a Very Large Range of Reynolds Number [J]. Flow Turbulence Combust，2008，81：115 – 130.

[3] 曾庆存，董超华，彭公炳，等．千里黄云——东亚典型沙尘暴[M]．北京：科学出版社，2006.

[4] Baas A C W. The Formation and Behavior of Aeolian Streamers. PhD Dissertation[D]. Los Angeles：University of Southern California，2003：412.

[5] 沈建国，刘菲，牛生杰，姜学恭．一次沙尘暴过程TSP质量浓度的连续观测和分析[J]．中国沙漠，2006，26(5)：768 – 791.

[6] 许德毓，蔡小舒．激光散射法测量TSP和PM10的最佳采光角及立体角的研究[J]．上海理工大学学报，2001，23(1)：57 – 60.

[7] 华灯鑫，宋小全．先进激光雷达探测技术研究进展[J]．红外与激光工程，2008，37增刊：21 – 27.

[8] 董旭辉，杉本伸夫，白雪椿，等．激光雷达在沙尘观测中的应用——2004年春季北京和呼和浩特沙尘天气的解析[J]．中国沙漠，2006，26(6)：942 – 947.

5 Chapter 人造风场话风洞

人类为了了解和认识所处的自然界，正确理解和运用自然现象及其规律，往往需要对自然现象进行仔细的观测，并在此基础上建立相应的学说、发展相应的学科。早年对天体运行的观测和记录就是一个例证，数学、力学以及天文学等学科的发展，均与人们对天体的观测有关。然而，随着科学和技术的发展，仅仅靠这种近乎于被动式的观测来认识和揭示自然现象和规律是不够的。比如沙尘暴，因为野外沙尘暴的发生天气是不可控的，导致根据少量的观测结果分析沙尘暴发生规律十分困难；另外，强沙尘暴常发生在人迹罕至的沙漠腹地，高温缺水、通讯中断等任何可能的问题都会影响实验人员的生命安全。再如大型飞机及航空、航天设备的研制，由于陆地上的环境与高空和空间环境相去甚远，几乎不可能在自然情况下获得实验条件。为此，人们开始设计实验装置，在可控条件下尽可能地模拟自然环境或典型环境，以便全面了解自然现象以及一些装置在极端条件下的响应和规律，提高观测的效率。一个典型的例子就是风洞。

风洞(wind tunnel)是一种由人工产生和控制气流的管道状实

验设备，也是进行空气动力实验最常用、最有效的工具，用以模拟物体周围气体的流动，并量度气流对物体的作用以及物体的动力响应。它主要由洞体、驱动系统和测量控制系统组成，各部分的形式因风洞类型而异。洞体中的一部分称为试验段，主要是用于对模型进行必要测量和观察，分为提高气流匀平直度的**上游段**、降低湍流度的**稳定段**、使气流加速到所需流速的**收缩段**或喷管、降低流速的**下游段**、减少能量损失的**扩压段**和将气流引向风洞外的**排出段**或导回到风洞入口的**回流段**。有时为了降低风洞内外的噪声，在稳定段和排气口等处装有消声器。驱动系统一般有连续式风洞和暂冲式风洞两类。前者是由控电机组和由它带动的风扇或轴流式压缩机组成，通过风扇旋转或压缩机转子转动，增大气流压力以维持管道内气流的稳定，通过改变风扇的转速或叶片安装角，或改变对气流的阻尼，可调节气流的速度，但随着气流速度增高，所需的驱动功率也急剧加大。后者是用小功率的压气机进行驱动，通过将空气增压贮存或用真空泵把与风洞出口管道相连的真空罐抽成真空，在实验时快速开启阀门，使高压空气直接或通过引射器进入洞体或由真空罐将空气吸入洞体，因而有吹气、引射、吸气以及它们相互组合的各种形式。另外，按实验段气流速度大小，还可以将风洞分为低速、高速和高超声速风洞。低速风洞又可以根据实验段的特点，分为开口和闭口两种形式，截面形状也有矩形、圆形、八角形和椭圆形等。20 世纪 60 年代以来，还发展出双实验段风洞，甚至三实验段风洞。测量控制系统的作用是按预定的实验程序，控制各种阀门、活动部件、模型状态和仪器仪表，并通过天平、压力和温度等传感器，测量气流参量、模型状态和有关的物理量。随着电子技术和计算机的发展，20 世纪 40 年代后期开始，风洞测控系统由早期的利用简陋仪器，通过手动和人工记录，发展到了采用电子液压的控制系统、实时采集和处理的数据系统。

世界上最早的风洞建在英国格林尼治 Penn 船舶机械厂，由英国空气动力学学会在1871年制造，主要用于研究早期飞行器模型的空气升力和阻力。该风洞全长约为3.66 m、截面积约为0.46×0.46 m^2，最大风速约18 m/s[1]。英国空气动力学学会议员Wenham利用该风洞得到了一些重要结果，如小攻角下测试面的升阻比比以前人们所期望的值高。从此，风洞开始成为了航空、航天领域和风工程领域的主要实验设备，种类也不断增多。如专门研究飞机防冰和除冰的冰风洞，研究飞机螺旋形成和改进方法的立式风洞，研究全尺寸汽车性能、模拟气候条件的汽车风洞以及模拟大气流动的速度剖面、湍流结构和温度层结构的长实验段大气边界层风洞等等。

20世纪30年代，美国、加拿大遭受了频繁的沙尘暴袭击，并出现了十分严重的土壤风蚀，于是人们开始利用风洞来研究风沙运动和风蚀现象。这类风洞的风速一般较低，大约在几米每秒到二十几米每秒，但能模拟地表边界层效应，称为风蚀风洞。同时，为了研究自然地表上沙尘颗粒在可控流场下的启动、搬用、传输以及沉降过程，人们发展了可以拆迁、移动且没有底板的便携式风蚀风洞，一般由拖车、风扇、气流调整器和工作段组成(见图5-1)，其中整流段是为了使风洞工作段产生符合大气边界层性质的风场，一般为变截面且呈S状。

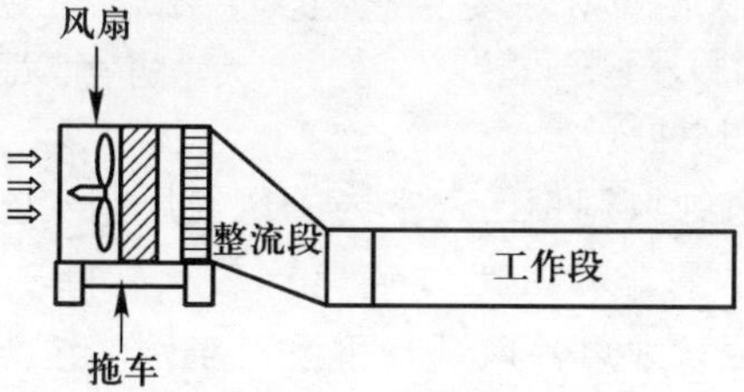

图5-1　便携式风蚀风洞示意图

20世纪40—50年代，机械工程师Zingg与土壤风蚀研究的鼻祖Chepil和后来给出风蚀预报方程的Woodruff一起设计并制造了较早的几个便携式风蚀风洞。他们利用风洞中风场的可控性开展了大量的实验测量。如研究了土壤颗粒在风作用下的启动、搬运过程，测量了农作物收割后留茬高度及其农作物种类对风蚀量的影响等。随后，便携式风蚀风洞不断得到改进，一方面是为了使风洞工作段可以比较自由的选择土地类型，并克服因为土地不平整造成的漏风现象，另一方面是为了解决因为工作段太短或者工作段横截面面积狭小，而不能产生可控的边界层或不能使沙粒跃移运动自由发展的问题。图 5－2 是 20 世纪 60 年代美国农业部风蚀与水土保持研究所的便携式风蚀风洞，图 5－3 是加拿大的 Guelph 大学在 20 世纪末 21 世纪初建立的较大的便携式风蚀风洞，该风洞的工作段长 11. 9 m、高 0. 75 m、宽 1. 0 m，这大概可以算得上是目前最好的便携式风蚀风洞了。

图 5－2　美国农业部风蚀与水土保持研究所野外实验站的早期便携式风蚀风洞[2]

图 5－3　本世纪初加拿大 Guelph 大学的便携式风蚀风洞[3]

与便携式风蚀风洞相比，室内的风蚀风洞实验室由于不受移动或搬迁需求的影响，其尺寸通常比较大，除一般都有底板之外，其组成与便携式风蚀风洞几乎没有差别。这类风洞主要用于研究可控风场、可控地表条件下的风沙运动和风蚀规律，也可用于风对建筑物和结构物作用的研究，以及污染物的扩散和质量迁移等方面的研究，但在对地表物质实际情况（颗粒尺寸、水分、黏聚程度等）的模拟方面显然具有一定的局限性。风沙运动研究的奠基人 A. C. 拜格诺(Bagnold)是20世纪30年代末设计并利用风洞实验室进行风沙流研究的学者之一。他设计的风洞为开口吸气式风洞，其主体由风扇、工作段和集沙箱组成(见图5-4)，由于空间的限制，该风洞前期设计的全长约为6.1 m，横截面积0.092 9 m^2。由于这一长度无法形成稳定的流场和风沙流，因而又将风洞延长至10 m左右。加利福尼亚大学的跃移风洞尺度较拜格诺的风洞有较大的提高，全长13 m，工作段2.44 m，工作段横截面0.47 m高、0.8 m宽(见图5-5)。加拿大 Trent 大学1994年建造、1997年改造的风洞全长19 m，其工作段长13.8 m，宽0.71 m、高0.76 m，风洞外形如图5-6a所示，图5-6b是为了形成边界层风场所采用的粗糙元及其布局。兰州大学于2006年建成了多功能环境风洞，是目前我国西北地区最大的室内环境风洞(见图5-7)。该风洞实验室不仅可以进行不同程度的风蚀研究，还可以测量建筑物模型周围的风荷载特性。该风洞最大指示风速可达40 m/s，全长85 m、洞体长55 m，工作段长20 m，工作段横截面面积为1.3×1.45 m^2。

图5-4　拜格诺设计并建造的风蚀风洞[4]

图5-5　加利福尼亚大学的跃移风洞[5]

(a) 风洞的外观

(b) 风洞内的粗糙元

图 5－6　Trent 大学的风蚀风洞[6]

图 5－7　兰州大学多功能环境风洞

风洞实验可以分为纯气流条件和含沙条件两种情况。前者是在气流中没有沙尘、土壤等污染物的情况下模拟大气边界层及复杂地表上的空气流动的实验，而后者是在模拟边界层气流的基础上，通过在风洞底板上铺设固定沙床或特定的供沙装置，向风洞内提供自然沙或物理性质相近的替代品(如玻璃球或空心金属球)，以模拟自然条件下的风沙流运动。纯气流条件下的风洞实验通过测量风速和气压，得到空间分布的平均风速廓线和湍流结构、地表或物理模型表面的气压和表面剪应力分布，以研究复杂环境下边界层空气流动的特征，为沙尘等污染物的起动、传输和沉降研究以及防沙工程设计提供较完整的边界层气流流动的信息和参数。而含沙条件下的风洞实验需要测量的物理量覆盖面也相当广，具体包括沙粒起跳和运动的速度、风沙流中不同高度的沙粒浓度、沙粒带电的荷质比及风沙电场、含水率和植被对沙粒起动及输沙率或风蚀速率的影响、输沙率的脉动、沙波纹的形成和移动等等。风沙流条件下的防沙固沙工程实验主要是对防沙固沙设施附近的吹蚀和沉积区进行判断和分析，以掌握蚀积的强度、范围等。这时，就要根据相似理论，选择适当的材料和模型尺寸来近似模拟或模化防沙固沙设施，如草方格、防沙栅栏和结皮等。如有的学者用稀疏麻袋布为材料，按 1∶10 模拟实际的草方格、用木条制作黏土方格在风洞中研究它们的防护效能。

由于尺寸的限制，风洞实验所使用的仪器与野外仪器相比有一些特殊性。首先是仪器的尺寸不能太大，介入式仪器放置在风洞中要尽量减小对流场及风沙运动的干扰。但另一方面，由于风洞良好的可控环境，又使得许多无法在野外条件中使用的精密仪器得以在风洞中充分发挥作用。在风洞中经常用到的测量仪器有：集沙仪——收集沙粒以确定输沙浓度及输沙率(见图 5－8)；皮托管——利用静压原理测量不同高度的平均风速；压力扫描阀以及在第四章介绍的热膜热线仪等——测量高频风速；高速摄影

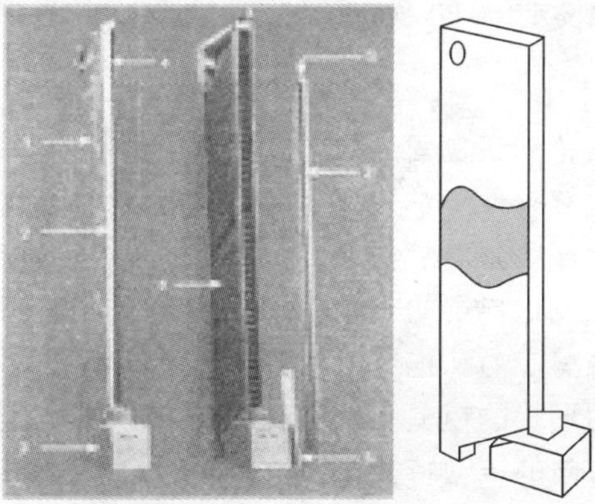

图 5－8　风洞用集沙仪，中国科学院沙漠所研制[7]

仪——拍摄沙粒运动轨迹和旋转等；颗粒影像测速仪(PIV)——测定流场的全场流动图案或沙尘粒子的运动速度及结构等。其中 PIV 近年来应用非常广泛，其工作过程是把激光束经过组合透镜扩束成片光照明流场，使用数字相机拍摄流场照片，得到前后两帧粒子图像，对图像中的粒子图像进行互相关计算得到颗粒流一个切

面内定量的速度分布。作为一种非接触式光学测量手段，它可以得到非定常流场的瞬时全场信息，且不会对流场造成干扰。配合使用烟雾发生器发生的对流场追随性好的小粒径示踪粒子，PIV 可以测定流动图案，分析湍流结构(见图 5 –9a)；当直接对沙粒进行拍摄时，就可以测定沙粒群的运动速度等信息(见图5 –9b)。

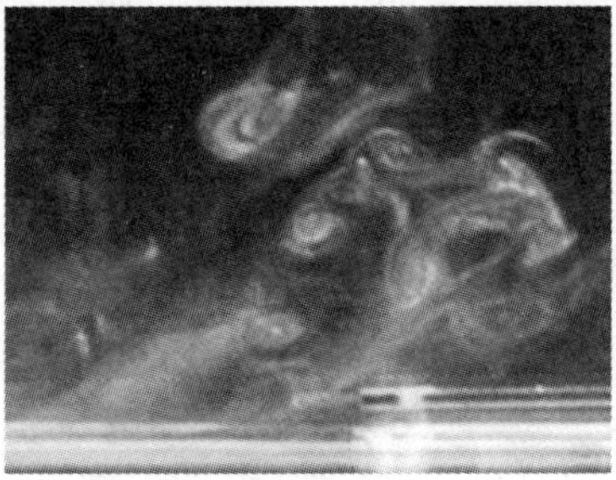

(a) 使用烟雾示踪的 PIV 实验图

(b) 风沙流的 PIV 风洞试验

图 5 –9　PIV 实验

无论是在移动还是固定的风蚀风洞中进行的实验，其设计目的都是模拟自然条件下的气流或者沙粒运动，为达到模拟条件，需要满足以下一些基本的物理要求：(1)风速沿高度的变化规律应与自然界大气边界层的一致——呈对数增长直至边界层顶，能正确反映地表剪应力和拖曳力系数。对此，可以通过在风洞的入口处设置不同形状的粗糙元来实现。(2)形成的边界层非平稳气流在主风向方向的流动特征，如风速的时均量和脉动量以及一些具有特定尺度的涡结构，必须在量级上同野外条件相同。对此，可以在风洞前段设置尖劈增加湍流度来改变风速脉动量、通过调频电机在特定频率下的运转来改变风速特征尺度，得到与野外相近的风速变化规律。(3)含沙条件的实验要求颗粒密度和大小等应与空气的密度和流动尺度成一定函数关系，以满足风洞与野外环境之间的相似律，相应的气压、温度和气流雷诺数等都需要同野外条件下一致。受这些条件的限制，风洞中只能再现小尺度的风沙流，一般模拟区域高度为 1 m 至 2 m，长度 10 m 至 20 m。(4)要尽可能消除由于风扇叶片的旋转、风洞结构的不均匀性、地表的不平整或风洞入口处诱导涡等可能导致的风洞试验段气流的湍流和流场在空间分布上的不均匀。对此，可在风洞入口处安装扩压器产生初始层流、使风洞侧墙内表面更光滑、风洞截面用矩形替代半球形、采用吹气式设计替代吸气式设计以排除高速沙尘颗粒磨蚀风机叶片的可能等。(5)由于风沙流的输沙率达到饱和的距离大约为 10 m ~ 15 m，风洞的长度若小于这一值，将会使测量到的输沙率偏大，高估了风蚀能力。因此，需要较大的风洞设计尺度，以尽可能满足大气边界层中风 - 沙尘相互作用时的空气动力学特性。

除了前面提到的相似性问题和尺度效应问题外，还有由于风洞洞壁导致的二次流问题，即风洞稳定段同试验段之间，通过减小截面积加大风速的收缩段内，由于空气受到压缩，表面流与侧壁相交，导致在拐角处产生偏离主风向的低速二次流动，并且可能产生分离的漩涡，很难使气流成层，影响整个风洞内流动的稳定性，使实验原型发生变化。

至于如何使风蚀风洞能模拟出实际的地表温度变化，反映出热对流的影响，再现风场的垂向或者横向流动特征以及风向的随机性，实现对沙尘暴和尘卷现象(见第 11 章)的模拟等问题，还需要展开深入的、特别是空气动力学方面的研究和设计。

对风蚀风洞的设计和建造主要源于风蚀对人类的影响。早期的风蚀风洞为提炼风沙运动的基本规律，在实验中将自然界的复杂风场简化。随着对风沙运动的深入研究，不仅提出了新的理论问题，对风蚀风洞的设计也提出了新要求。风蚀风洞因风蚀研究而生，又因对风蚀现象认识的深入而改进，从中不仅反映了人们对复杂问题的认识过程、研究过程，也反映了科学实验与人们认知之间的相互促进、相辅相成的关系和不可或缺的作用。在理论分析和计算机仿真手段日益先进、完善的今天，科学实验仍然是我们进行原创性科学研究的重要手段之一。

参考文献

[1] The First Wind Tunnels. http：//www. centennialofflightgov/essay/Evolution _ of _ Tech nology/first _ wind _ tunnels/Tech34. htm.

[2] Armbrust D V，Box J E. Design and operation of a portable soil-blowing wind tunnel［J］. Agric. Res. Stat. Bull.，ARS41 – 113：1 – 13，u. s. Dep. Agric.

[3] Maurer T，Herrmann L，Gaiser T，Mounkaila M，Stahr K. A mobile wind tunnel for wind erosion field measurements［J］. Journal of Arid Environments，2006，66：257 – 271.

[4] Bagnold R A. The physics of blown sand and desert dunes［M］. New York：William Morrow and Company，1941.

[5] White B R，Mounla H. An experimental study of Frounde number effect on wind-tunnel saltation［J］. Acta Mechanica，1991，［Suppl］1：145 – 157.

[6] Nickling W G，Neuman C M. Aeolian transport measurement：instruments and techniques：Proceedings from the CGRG. Workshop on the Measurement and Simulation of Sediment Transport by Wind，September 16 – 17［C］，Trent University.

[7] 董治宝，孙宏义，赵爱国．WITSEG 集沙仪：风洞用多路集沙仪[J]．中国沙漠，2003，23(6)：714 –720.

[8] 谢莉，郑晓静．风蚀风洞的发展[C]．兰州：第三届力学史与方法论研讨会，2007，226 –234.

6 Chapter 沙粒是如何动起来的?

沙粒(尘),显然是沙尘暴中的主要物质。一场沙尘暴袭来,沙粒(尘)可以说是无孔不入。那么,沙尘暴的沙粒来自何处?它们又是如何动起来的呢?

科学家们通过分析最近40年~50年的气象观测资料,以及卫星图片上的沙尘区移动轨迹,采用地面采样、沙尘的化学成分分析和数值模拟等方法,来探究沙尘的源地和多发区。他们得到的结论是:就我国而言,沙尘暴源地根据起始的地理位置可以分为境内和境外源地。境外初始源地位于哈萨克斯坦和俄罗斯以及蒙古国境内,主要为蒙古国中南部和东南部荒漠化比较严重的地区。而境内沙尘源地主要是我国西北沙漠及其边缘退化的草原沙尘暴天气频发的地区,有四个策源地(一说三个),分别是:(1)南疆塔克拉玛干沙漠周边地区;(2)甘肃河西走廊及内蒙古阿拉善盟;(3)内蒙古阴山北坡及浑善达克沙地毗邻地区;(4)蒙、陕、宁长城沿线。这些地区的共同特点是:干旱、少雨,植被稀少,地表拥有丰富的松散沙尘。除了自然因素外,人为活动,如过量放牧和旱作农耕等,又在不断加剧地表荒漠化程度,使沙尘源地面积进一步扩展。

在这些沙尘暴的源地，真可谓是沙粒的“海洋”呀！(见图6-1)让我们粗略估计一下：如果不考虑沙粒(尘)间可能存在的空隙，1 m^3 内大约就有 4.6×10^8 个直径 0.25 mm 的沙粒，那么对于方圆数百里的沙尘暴源地，沙粒岂不数不胜数吗？

图6-1　浩瀚的沙海

这些天然沙粒主要由矿物和微小的岩石碎片组成，具体成分会因当地的岩石来源和条件而有所不同。在内陆沙漠和非热带海岸沙滩中，沙粒(尘)最常见的组分是二氧化硅(SiO_2)。除物质组成的不同外，天然沙粒的形状也千姿百态，正所谓“一沙一世界，一树一菩提”。显微镜下可以看到，沙漠沙大多为盘状、椭球状、柱状等不规则形状(见图6-2)。由于风的作用及碰撞磨蚀，大沙粒表面通常比较光滑，而小沙粒(尘)则比较尖锐。在风沙运动的研究中，为方便起见，通常将不规则的沙粒(尘)简化成具有相同质量的球。球的直径称为沙粒(尘)的等效直径，简称沙粒(尘)的粒径。天然沙的粒径范围很广，一般服从单峰对数正态分布，图6-3就是对腾格里沙漠、巴丹吉林沙漠腹地沙样进行粒度分析的结果。农田土壤

图6-2　显微镜下的沙粒
(图片来源 http://tech.sina.com.cn/)

的粒径大多偏离对数正态分布，主要因为土壤中的黏土含量较多，沙粒较细。

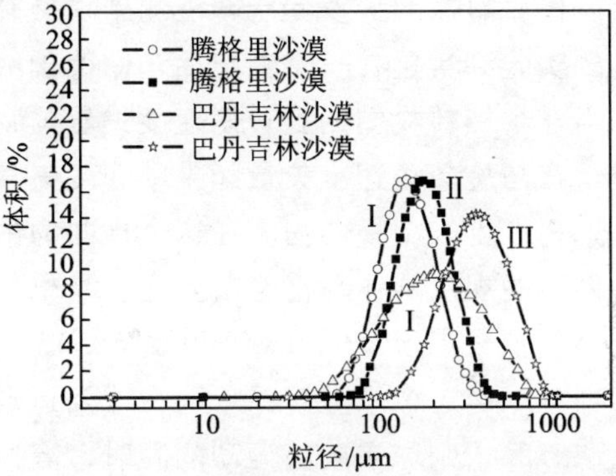

图6－3　巴丹吉林和腾格里沙漠边缘处天然混合沙的粒径分布

沙粒(尘)虽小，可处于风场中的沙粒所受到的力却一点也不少，有重力、升力、马格努斯(Magnus)力、拖曳力、静电力、沙夫曼(Saffman)力和巴塞特(Basset)力等等，并且在与其他沙粒的碰撞和接触中还会受到冲击力和黏性力等。对于沙粒受到的重力很容易理解，只是在具体计算时，需要将沙粒等效成圆球，当然也可等效为椭球。最新研究证实：沙粒运动形成的风沙流(包括沙尘暴)中，有很强的风沙电场[1]，而且沙粒上还带有电荷，由此产生的作用在沙粒上的静电力与重力相当，也是一种重要的作用力。对此，我们会在第八章专门叙述。沙夫曼力和巴塞特力是和气体黏性——相邻气体层产生的一种内摩擦作用——有关的力。由于气体的黏性相对较小，黏性系数一般在 1.81×10^{-5} Pa·s 左右，所以沙夫曼力和巴塞特力一般可以不考虑。

至于升力，您可能不会陌生，它是飞机起飞的一个关键要素。对于沙粒而言，它是沙粒与气流接触时，由于上、下表面存在压力差而产生的，与沙粒的顶部、底部处的流体速度的平方差、沙粒的表面积、气流的质量密度以及气流的升力系数有关。但是，对于另一种升力，马格努斯力，您可能就不太熟悉了。早在18世纪50年代，本杰明·罗宾斯就观测到球旋转会产生空气升力，但最终的实验证实是在一个世纪后，由德国物理学家马格努斯给出的。当一个旋转物体的旋转角速度矢量与物体飞行速度矢量不重合时，在与旋转角速度矢量和平动速度矢量组成的平面相垂直的方向上将产生一个横向力。在这个横向力的作用下物体飞行轨迹发生偏转的现象称作马格努斯效应。马格努斯效应在生活中很常见，小到孩子们玩的竹蜻蜓(见图6-4)，大到直升飞机的螺旋桨，都可以用这个原理解释。而在球类运动中，当击球的合力不通过球心时，则球在向前运动的同时，高速旋转会产生与球类平动方向垂直的力，即向心力，它导致了球类飞行方向的改变，使球在空中的轨迹呈弧形。足球比赛中的“香蕉球”和乒乓球比赛时的“旋球”就是典型的例子。对于沙粒，人们发现它在与其他沙粒发生碰撞后也会旋转，这样，沙粒在具有黏性的气流中运动时，也会受到一个与颗粒和流体的相对速度方向垂直、大小与颗粒和流体的相对速度以及沙粒的旋转角速度成正比的马格努斯力了。

拖曳力也是沙粒运动中的一个重要的力[2]，即沙粒在风的作用下，由迎风面与背风面的压力差产生的力，与沙粒对气流的阻力是一对作用力与反作用力。沙粒在风场中，由于顶部的流线发生分离，在沙粒背风面产生涡流(见图6-5)，所以在其前后产

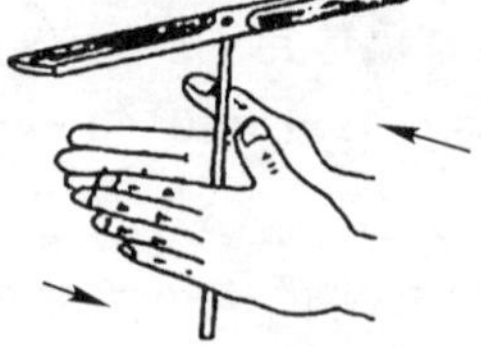

图6-4　竹蜻蜓

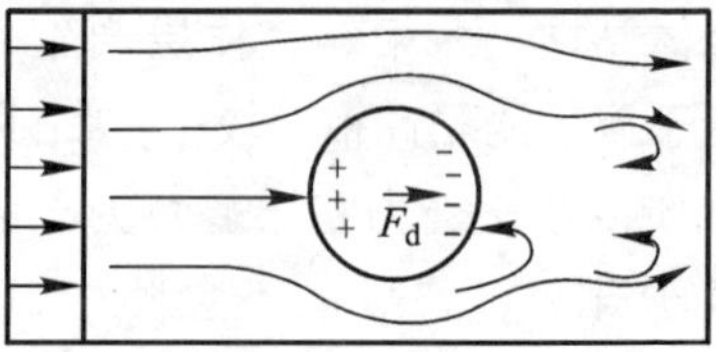

图6-5　作用在颗粒上的拖曳力形成的示意图

生了压力差，这就相当于气流给沙粒一个拖着的力。这个力与沙粒的迎风面积、气流的密度、气流与沙粒的相对速度、拖曳系数以及雷诺数有关。

冲击力是沙粒碰撞后由于相互挤压而产生的沙粒间的一种作用力。当风将沙床表面的沙粒吹起，逐渐在沙床表面形成风沙流时，冲击力是使得床面沙粒起跳的一个主要原因。根据动量定理、动量矩定理以及能量损耗和接触速度关系，可以求解任意两接触沙粒的接触力，即冲击力。冲击力的大小与相互接触的沙粒质量、相对速度有关。

黏性力是沙粒相互挤在一起时，沙粒间的一种作用力。与冲击力不同的是，这种力是由于土壤含水、颗粒表面吸附膜、分子与分子间的作用以及化学键作用等造成的。它虽然很难测量和准确表征，但作用很明显：束缚沙粒使其相互黏在一起或不离开沙床。在理论分析中，一般假设黏性力与沙粒或颗粒的粒径成正比[3]。

不同大小的沙粒(尘)在风力作用下的运动形式通常也是不一样的，最常见的有蠕移、跃移和悬移。沙粒(尘)的具体运动形式与它所受到力的相对大小有关。例如：小沙粒(尘)所受到的拖曳力往往会大于或等于其重力，因此小沙粒(尘)就很容易做悬移运动，被风携带，长距离传输而不降落。

您可能认为不就是风把它们吹起来的吗？其实答案并不是那么简单。这个问题涉及沙粒的起动机制，这是风沙运动研究中的一个关键问题，至今，对此依然众说纷纭，至少形成了十种假说[4]：(1)冲击起动说；(2)振动起动说；(3)斜面飞升说；(4)风压起动说；(5)升力起动说；(6)压差起动说；(7)湍流起动说；(8)负压起动说；(9)涡旋起动说；(10)猝发起动说。这些假说大致可以归纳为两大类，前三种的共同点是都涉及沙粒间的接触或碰撞，而后七种则侧重气流作用。

在考虑沙粒间接触的起动假说中，冲击起动说是最重要的一种。冲击起动说认为：地表沙粒的起动是由于受到运动沙粒的冲击，即碰撞引发的。这是因为当地表沙粒受到运动沙粒的冲击，或者一部分滚动沙粒碰到地面凸起的沙粒时，会获得较大的冲量使得沙粒在碰撞的瞬间，由水平运动急剧转变为垂直运动，骤然向上起跳进入气流(见图 6－6)。理论推导和实验拍摄也证实：冲击力是重力的几百倍到几千倍[5]，足以使沙粒起动。冲击起动说也是沙粒起动中占主导地位的学说，被很多人所接受，而且风沙研究中的很多理论模型及数值模拟研究都是建立在冲击起动基础上的。

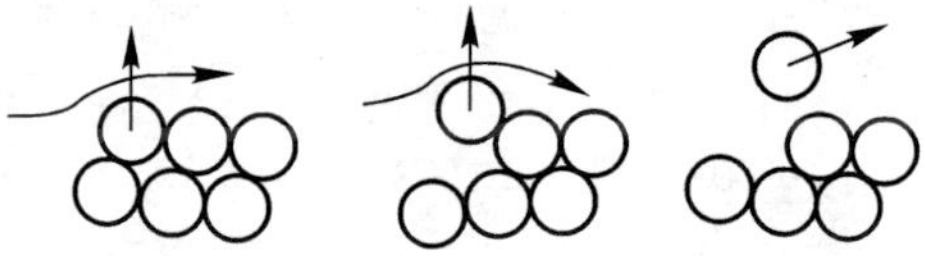

图 6－6　沙粒从滚动到跃起的过程

振动起动说认为：当风力不大时，沙粒就开始振动，且振动幅度和频率随风速增强。当风速达到一定值后，沙粒会出现 3～5 次急剧振动，随后突然停止，最后像炮弹一样射入空中，这与发生共振类似，故称为振动起动。而斜面飞升说则认为：在风场作用下的沙粒脱离地表是由于沙面不平导致的。当沙粒在凹凸不平的沙面上滚动时，沙粒时常会发生小的跳跃，而一旦沙粒短暂地脱离地面，就容易从风场中获得能量而加速。跳跃越频繁，跳得也就越高，形成一个正反馈，最终进入气流中。

侧重气流作用的起动学说的基本观点认为风是沙粒起动的关键。例如，风压起动和升力起动以及压差起动，其基本思想都是由于风速差导致的压力差使得沙粒起动，只不过风压起动认为压力差来自沙粒的迎风面和背风面，升力起动认为压力差来自高速旋转的沙粒的顶部和底部，压差起动认为压力差来自沙粒顶部和底部之间的风速差。这三种起动在一定程度上又分别与前面提到的拖曳力、马格努斯力和沙夫曼力有关(负压起动与压差起动类似,但只有在风速比较大的时候(>16m/s)才起作用，因此这里不作为主要原因分析)，而且主要考虑的是平稳风场的作用。事实上，沙床表面也很不均匀，近地表的空气湍流度较高，因而会出现瞬时垂直气流，直接带动沙粒脱离地表进入气流中——湍流起动说；涡旋会在局部突起的地方发生分离，所产生的负压和离心力能够使沙粒起动——涡旋起动说；会出现近壁层低速带的扰动、举升、崩解能够使沙粒起动——湍流猝发起动说。

总的来说，以上各种假说都有局限性，似乎无法用其中的一种来解释沙粒起动的原理。例如：根据高速摄影研究沙粒起动发现，马格努斯力和沙夫曼力的垂直分量总和小于重力，据估算，当风速为 1.5 m/s 时，粒径 0.2 mm 并以 1 000 r/s 高速滚动的沙粒所产生的马格努斯力约为沙粒重力的 18%。实际上，沙粒起动前，贴地风速远比 1.5 m/s 小，旋转速度也远比 1 000 r/s 小；沙夫曼力不到沙粒重力的 15%[6]，而且由于沙粒的粒径很小，其顶部和底部的速度差，即压差也很小，因此马格努斯力和沙夫曼力似乎也不可能是风沙起动的主要作用力。又如：对于冲击起动说，由于贴近地表处的风速一般比较小而且沙粒密度大，沙粒在冲击地表前发生颗粒间空中碰撞的概率比较大，由此可能导致冲击沙粒的动量比较分散，不足以冲击起更多的沙粒。再者，细小的沙粒在贴近地表附近所受到的气流的阻力和可能的尺度效应，对沙粒冲击速度的影响也还不清楚。另外，对于振动起动说，沙粒在气流脉动的作用周期下发生共振、发生弹性起跳是完全可能的，但是这种作用的概率究竟有多大、从气流的平均运动和湍流脉动中究竟能获得多少能量，还不是很清楚。对于湍流类起动的说法也一样，由于近地表风速的水平分量本来就小，垂直分量会更小，理论上近地表处风速的垂直分量接近于零，那么仅靠湍流作用似乎也不足以带动沙粒进入气流。

由于目前观测手段的限制，沙粒起动的各种假说还有待进一步论证和完善，单一的任何一种假说都不能完全解释沙粒起动的真正机理。尽管大风是沙粒起动的根本原因，但第一颗沙究竟是怎样动起来的？到底是哪种力的作用形式导致了沙粒的起动？这些风沙运动的最基本的问题目前还没有定论，由此也更迫切地需要加强对沙粒起动机理的研究。这应该是一个最典型的力学问题了。

参考文献

[1] Gill M. Frictional electrification of sand [J]. Nature, 1948: 568 - 659.

[2] Bagnold R A. The Physics of Blown Sand and Desert Dunes[M]. New York: Methuen, 1941.

[3] Yaping Shao. Physics and modelling of wind erosion [M]. German: Springer, 2007.

[4] 董治宝. 风沙起动形式与起动假说[J]. 干旱气象, 2005, 23(2): 64 - 69.

[5] 吴正. 风沙地貌学[M]. 北京: 科学出版社, 1987.

[6] 贺大梁, 刘大有. 跃移沙粒起跳的受力机制[J]. 中国沙漠, 1989, 9(2): 14 - 21.

7 Chapter 沙粒间的碰撞

“嘈嘈切切错杂弹，大珠小珠落玉盘。”这是唐代诗人白居易在他的著名诗篇《琵琶行》中对琵琶演奏及其音响效果做的生动描述。诗人独具匠心的比喻为人们展现出一幅惟妙惟肖的画面：大大小小的珍珠如瀑布般滴落于玉盘之中，接触碰撞、反弹溅起……。其实，风沙流中的沙粒与由众多沙粒组成的沙床的碰撞也与此类似，只是珍珠变成了沙粒，玉盘成了沙床，没有那般优雅而已。沙粒间的碰撞也是风沙运动研究中的一个非常重要的问题。

正如我们在前一章所说到的，在沙粒起动机理的十种学说中，冲击起动说在风沙运动研究中占主导地位，被很多学者所接受。这种学说的核心是认为地表沙粒的起动是由于受到运动沙粒的冲击引发的，即碰撞。在这里，沙粒与地表沙粒，也就是沙床的作用，简称为粒－床碰撞，这样一个过程可以描述为：当风沙运动发生时，跃移沙粒在空中做类似抛物线运动并回落到沙床上，这时，这颗沙粒可能与沙床上的其他沙粒碰撞后反弹重新跳起，也有可能同时又溅起相邻或不相邻的其他沙粒。除此之外，风沙流中的空中跃移沙粒之间也会发生相互碰撞，称为空中碰撞。这两类碰撞既有共同点又有区别。相同点是碰撞均具有随机性。粒 - 床碰撞的随机性指反弹沙粒的速度和溅起沙粒数、溅起速度等都是随机的。空中碰撞的随机性并非指碰撞结果的随机性，而是碰撞本身的发生具有随机性。对于前者，人们希望获得一次碰撞后反弹和溅起沙粒的信息，如碰撞后沙粒起跳的个数和各自的速度，这在风沙运动研究中称为击溅函数，而对于后者则主要关注空中跃移沙粒发生碰撞的概率。

现实世界中，类似风沙运动中颗粒物质之间接触碰撞的行为无处不在。从台球、冰壶等体育竞技项目到弹珠、堆沙堆等儿童玩耍的游戏，从精密仪器电子元件上的附着团聚的粉尘到泥石流、山体滑坡以及雪崩等由颗粒形成的自然灾害，颗粒物质的接触碰撞行为可以说是我们日常生活中重要的一部分。因此，人类很早便开始关注和研究颗粒物质的动力行为，特别是力学家们，为了清晰地刻画颗粒物间碰撞的物理过程，付出了巨大的努力。早在 1773 年，法国科学家库仑（Coulomb，1736—1806）在研究土力学时就提出了固体摩擦定律[1]。迄今，颗粒物质的研究成果已广泛应用于地基承载能力、自重和外力作用下边坡的稳定性、土壤对挡土墙的作用、药物生产加工等众多领域。仅《Nature》杂志自 2000 年 1 月至 2008 年 8 月就发表了 165 篇关于颗粒物质力学的论文。但时至今日，颗粒体系中的很多静力学和动力学行为尚不能很好地用现有理论进行解释。为此，《Science》杂志于 2005 年将颗粒物质与湍流并列为 100 个科学难题之一。

颗粒物质间的接触碰撞究竟隐藏着怎样的力学问题和机理呢？如何运用这些力学机制去解释和预测对人类来说如同噩梦般的风沙运动呢？我们先来看看力学家们是如何理解和描述的。

对沙粒碰撞进行模拟时，常用的模型可以分为“硬球模型”和“软球模型”。“硬”是不考虑颗粒在碰撞过程中的形变，因而也就不考虑颗粒间的接触力；而“软”则要准确建立颗粒接触形变和接触力的关系，再根据牛顿第二定律进行运动方程的求解。可见，“硬”与“软”形象地说明了这两类模型在处理颗粒碰撞时最本质的特征。值得注意的是：由于两颗粒界面上原子、分子尺度范围内的表面力引起了颗粒表面粘连、接触、变形等，因此，在考虑颗粒间相互作用时，除了要考虑传统的弹性力、阻尼力之外，颗粒表面作用力通常是不容忽略的。但是，在处理沙粒碰撞问题时，由于颗粒间表面作用力相对于弹性力、阻尼力而言较弱，而且由于沙粒的粒径在 10^{-4}m ~ 10^{-3}m 量级，因此非特殊情况下，表面形变和表面作用力通常不予考虑。下面我们简单介绍这两类模型的基本思想。为了简便起见，将颗粒视为二维圆盘。

硬球模型是以动量守恒和能量守恒为基础，通过建立碰撞前后动量、动能守恒方程式，求解得到碰撞后颗粒的速度。硬球模型认为：颗粒间的碰撞发生在瞬间，这样可忽略颗粒间的接触力和接触变形。在考虑风沙流中沙粒的空中碰撞时，沙粒运动较剧烈，而空中沙粒浓度较之床面为稀疏，因此，硬球模型是很好的选择。尽管硬球模型的推导过程看似简单，但在应用于多颗粒系统时，尤其是风沙流中沙粒的碰撞时，还要解决一些“机理”和“技术”问题。首先是多颗粒系统颗粒之间接触碰撞时存在 3 个甚至更多个沙粒同时接触碰撞，此时简单的动量、能量守恒方程就无法准确求解出各个沙粒碰撞后的速度了，这其中的“机理”问题，即多体碰撞问题，是至今仍未彻底解决的难题。其次在“技术”上，当模拟沙粒数量十分庞大的系统时，我们需要方便快捷地判定出每个时间步内最先接触碰撞的两颗沙粒，或者说需要确定整个颗粒系统最小自由运动时间 Δt。这些问题在颗粒系统比较稠密时显得尤为突出，并会导致计算结果与实际结果有较大偏差。尽管如此，在某些情况下，由于忽略了接触力和接触变形，硬球模型在计算速度上仍有很大的优势。

软球模型将碰撞颗粒间的接触与变形简化为“弹簧－阻尼

器－滑板”这一力学模型，这在处理风沙流中粒－床碰撞时，较之硬球模型具有明显的优势。这是因为：沙床内沙粒密度较大，多个沙粒同时相互接触的情况十分频繁，需要考虑一颗沙粒受到相邻沙粒之间的接触变形，而软球模型本身是基于沙粒接触时的形变－受力关系建立起来的，因此，能准确反映床面沙粒之间的相互接触关系，从而给出沙粒运动的准确描述[2]。以二维沙粒碰撞为例，当沙粒相互接触时，接触点处会产生压缩形变，这个形变可以在平面坐标系中分解为法向(即碰撞两颗粒质心连线方向)和切向(即接触点的切线方向)分量，相应的接触力也可分解为法向力和切向力。软球模型中的弹簧和阻尼器分别用来反映软球的变形和碰撞时的缓冲特征，滑板用来反映碰撞过程中球体间的滑动摩擦。沙粒所受弹性力与两颗粒形变大小成正比，所受黏滞阻力与两颗粒的相对速度大小成正比，且方向相反。模型需要引入弹性系数、阻尼系数、摩擦系数等参数来量化弹簧、阻尼器和滑板的作用。假设其中一个球体的直径取为无穷大时，则该系统可退化用于处理颗粒与壁面的碰撞。1979 年，Cundall 和 Strack 首次采用软球模型对颗粒接触力和形变进行简化计算，提出了对颗粒物质进行离散模拟的方法，即离散单元法[3]。此后，软球模型不断完善，已成为重现颗粒物质现象、提取实验不可能获得的颗粒体系内部力学信息的有效工具。当然，由于软球模型需要监测沙粒接触时的细微变形，计算时间步 Δt 要尽量小，计算量会较大，因此，较之硬球模型，软球模型能处理的颗粒系统的时间和空间尺度受到计算机能力的限制。

基于以上处理颗粒物质碰撞接触的力学模型，可以对风沙流中沙粒的粒－床碰撞过程进行建模和模拟，从而得到沙粒的起跳线速度、角速度分布以及击溅函数的形式[4]——风沙流达到稳定时，从床面起跳的众多沙粒速度的统计规律，是实现从对单颗沙粒运动过渡到对整个宏观风沙流定量分析——跨尺度问题模拟时的关键统计量，其作用就如同基于分子碰撞分析给出理想气体特性时所引入的阿伏伽德罗常数和玻尔兹曼常数。这里值得注意的是：在对多尺度问题进行分析时，“可能统计方法是下一代科学问题的一个重要输入量”[5]。关于这一点，我们在后面的有关沙丘场演化过程的介绍时还会提到。下面我们先来看看如何采用“硬球模型”来导出沙粒起跳速度分布。

如前面章节所述，风沙流中沙床表面大小不同、形态各异的沙粒在风场作用或沙粒冲击作用下无法保持其静止状态，以或滚动、或滑移、或跳跃的形式在床面运动且通常伴随着转动(如图 7－1a)。尽管实际的沙粒形状不规则，但是在模拟中一般将沙粒简化成球形(二维简化成圆盘)。在此基础上，将粒－床碰撞过程进一步简化为(如图 7－1b)：用球体 A 代表风沙流中的某一正以与风向呈一定夹角的冲击速度冲击床面的冲击沙粒 A，球体 B 代表在床面做蠕移运动的沙粒 B。由于在沙床上可能有很多颗与沙粒 B 接触的沙粒，则将这些与沙粒 B 接触的沙粒等效为球体 C 以代表对沙粒 B 支撑的沙粒。采用“硬球模型”，利用理论力学中的动量定理和动量矩定理，可以给出在给定的冲击速度

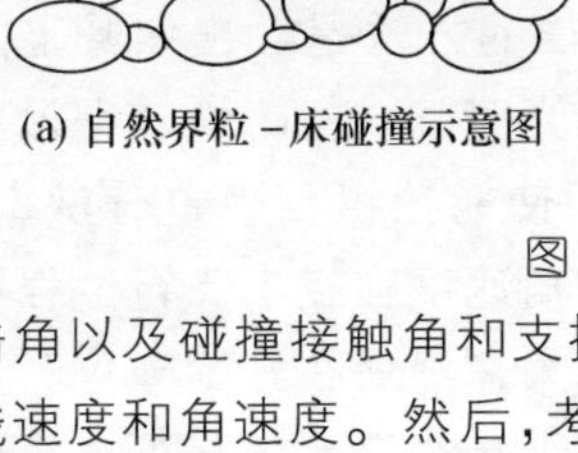
(a) 自然界粒－床碰撞示意图

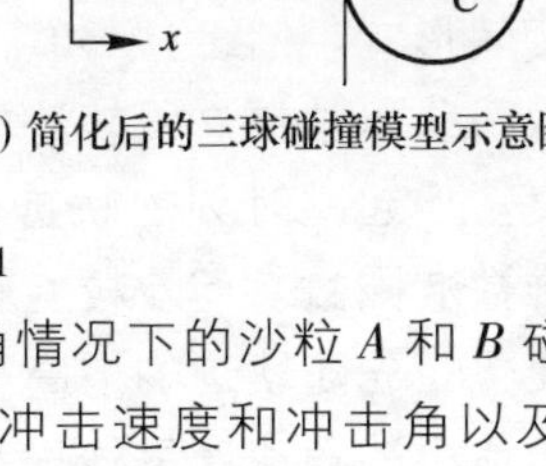

(b) 简化后的三球碰撞模型示意图

图 7－1

和冲击角以及碰撞接触角和支撑角情况下的沙粒 A 和 B 碰撞后各自的线速度和角速度。然后，考虑冲击速度和冲击角以及碰撞接触角和支撑角的随机性，采用多维随机变量处理所得到的线速度和角速度解析表达式，可以求得冲击沙粒反弹线速度和角速度的概率密度以及床面被溅起沙粒的线速度和角速度概率密度。上述

模型即为郑晓静研究组提出的粒－床随机碰撞模型。由这一模型给出的沙粒 *A* 反弹的水平和垂向速度分布分别为类正态分布和负指数分布，由此也弥补了实验观测的不足，因为无论是在野外还是在风洞中，由于从地表或沙床上起跳的沙粒太多，沙粒起跳时刻的速度都是不容易测得的，一般是用沙粒在某一高度的速度替代起跳速度。这往往带来很大误差，因为沙粒在地表或床面附近的速度变化还是非常剧烈的。

至于沙粒起跳时的角速度就更没办法准确测量了。借助高速摄影拍摄沙粒的运动轨迹，可以断定沙粒在旋转：一种是沙粒旋转轴与沙粒运动方向在一个平面（见图 7－2a），另外一种是沙粒的旋转轴与沙粒运动所在平面垂直（见图 7－2b）。

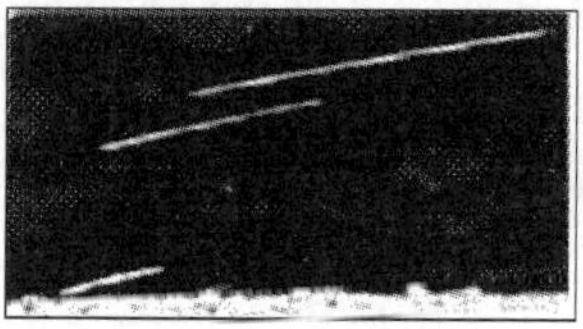

(a) 面内旋转

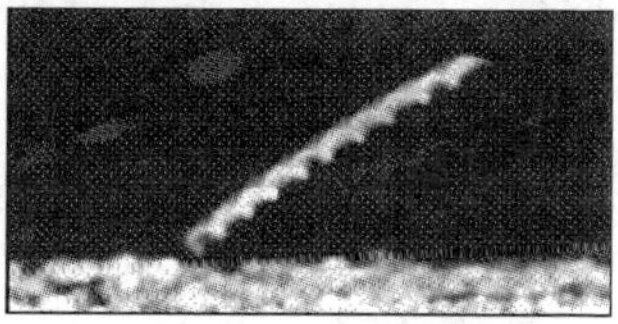

(b) 面外旋转

图 7－2　动态电影摄影仪拍摄的具有不同旋转姿态的沙粒轨迹

一般情况下，这两种旋转姿态的角速度大小和分布是不同的，并且前者是沙粒的主要旋转姿态，这种旋转姿态有左旋和右旋两种旋转形式（见图 7－3）。以往的方法是数出照片上沙粒轨迹的圈数，除以拍摄这段轨迹的曝光时间，粗略地获得沙粒的旋转角速度。但起跳时刻的轨迹，即使能拍摄到也是分辨率不高，因此很难数准圈数。而沙粒旋转的角速度在空中飞行过程中还不断发生变化：先随轨迹的增高而增大，然后在开始降落时角速度又减小。最小的角速度每秒只有几十转，最大的将近上千转。由郑晓静研究组提出的模型给出的沙粒起跳旋转角速度服从单峰非对称分布。

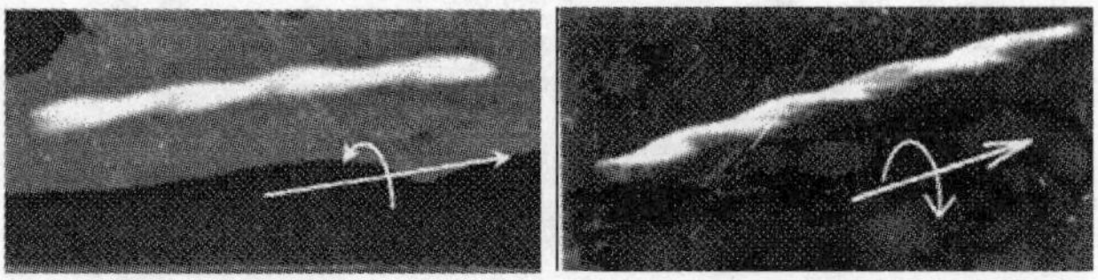

(a) 左旋　　(b) 右旋

图 7－3　两种面内旋转

同样，由于靠近沙床处沙粒的浓度极大，沙粒的运动也比较复杂，因此用现有的实验手段直接观测实际风沙流中粒－床击溅的过程是十分困难的。这里，我们借助“软球模型”来再现粒－床碰撞和击溅的动态过程。首先，通过沉降法生成如图 7－4 所示的满足自然沙床粒径分布的床面，然后随机选取床面一处作为冲击沙粒的冲击位置，给出该冲击沙粒的粒径、速度和冲击角度的信息，冲击颗粒在重力和周围颗粒的挤压碰撞作用下会发生反弹(极少数情况下不反弹而是陷入沙床中)，同时溅起周围的沙粒，通过收集反弹和溅起沙粒的速度、角速度、粒径等信息我们便能得到一次粒－床击溅的结果。如前所述，沙粒与床面接触的位置和速度均是随机的，因此需要按照实际情况改变冲击沙粒的位置、粒径、速度和角度等初始条件，反复进行粒－床击溅的数值试验，并收集每次碰撞的结果进行统计，就可以给出从床面起跳的沙粒数及其相应速度——击溅函数，它也是风沙流模拟时的一个关键的输入参数。

当然，沙粒间的碰撞只是风沙流中的一个基本过程，目前的

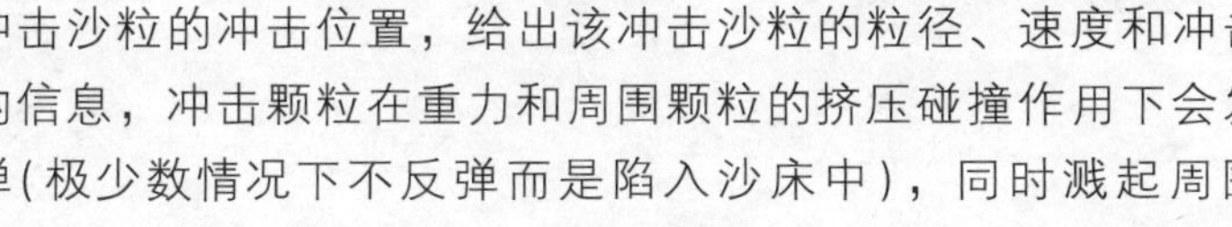

(a) 二维情况　　(b) 三维情况

图 7－4　利用软球模型模拟的一次粒－床击溅过程

描述还过于理想化。例如，在植被覆盖度大、沙床含水量较高、风场的湍流和脉动以及沙粒碰撞引起沙粒带电等情况下，上述碰撞概率和击溅函数各自会发生哪些定性和定量的变化，这是值得进一步研究的。这就涉及在多物理过程、多场耦合，具有随机性、散体性的风沙系统的背景下对沙粒的碰撞进行力学建模。这类问题不仅是在描述风沙流中沙和尘释放、传输过程中遇到的难题，同时也是其他学科领域，例如泥石流、煤燃烧、陨石冲击坑、药品、化工产品生产等共同面对的问题。当然，我们期待有一天，我们可以利用风沙流中粒床的碰撞设计一种传感器，将其大量布置于沙漠内部，用于警示沙尘暴的来临。也许还有一天，我们可以利用沙粒碰撞带电的机制制造一种天然的蓄电装置，对风沙流进行反向抑制。

参考文献

[1] Coulomb C S. Surune application des regles de Maximis et Minimis a quelques problemes de stratique relatifs a l' Architecture[J]. Academie Royal Des Sciences Memories de Mathematique et de Physique par Divers Savans, 1773, 7: 343 - 382.

[2] Cundall P A, Strack O D L. A discrete numerical model for granular assembles [J]. Geotechnique, 1979, 29 (1): 47 - 65.

[3] Zheng X J. Mechanics of wind - blown sand movement [M]. German: Springer - Verlag, 2009.

[4] Zheng X J, Xie L, Zou X Y. Theoretical prediction of lift off angular velocity distributions of sand particles in

wind blown sand flux [J]. J. Geophy Res., 2006, 111: D11109 (9).

[5] 白以龙，汪海英，夏梦棼，柯孚久. 固体的统计细观力学-连接多个耦合的时空尺度[J]. 力学进展，2006, 36(2): 286-305.

8 Chapter 强大的沙尘暴电场

查一下“百度百科”，您会知道原来大气中是有电场存在的！这是因为地面富集着大量负电荷，而相应大气气溶胶中含有净的正电荷，所以大气中时刻存在电场。大气电场的方向指向地面，强度随时间、地点、天气状况以及离地面的高度而变化。大气电场按天气状况可分为晴天电场和扰动天气电场。在晴天电场中，水平方向的电场可略去不计，并规定这种方向垂直地面向下的电场为正电场。就全球平均而言，电场强度在陆地上为 120 V/m，通常存在两个时间段的起伏，地方时 04 时 ~ 06 时和 12 时 ~ 16 时出现极小值，07 时 ~ 10 时和 19 时 ~ 21 时出现极大值，振幅约达平均值的 50%，这种变化与近地面层气溶胶粒子的日变化密切相关。

然而，与大气晴天电场不同，作者的研究组在 2010 年 3 月 24 日对袭击甘肃民勤地区的沙尘暴（见图 8－1）的监测中发现：沙尘暴中距地面 1.2 m 处的垂向电场竟高达 36 kV/m，是晴天大气电场的 300 倍，同时，不仅存在水平电场，而且水平电场峰值（70 kV/m）高出垂向电场峰值 1 倍。更有甚者，在远离沙尘暴源区 350 km 的兰州大学校园内的研究大楼顶部（离地面 22 m 处），郑晓静研究组测得浮尘天气（粒径小于 10 μm 的粉尘浓度为 0.1 kg/m^3）时的垂向电场强度为 8 kV/m，水平电场为 9.2 kV/m。沙尘暴期间如此强度的电场会对我们的通讯交通设施造成怎么样的影响？

图 8－1　2010 年 3 月 24 日袭击甘肃民勤地区的沙尘暴

20 世纪 70 年代，埃及 Khamassine 地区春季频发的沙尘暴，造成 500kV 和 200kV 输电线路跳闸率大大高出同一时期其他地区；20 世纪 80 年代末，埃及和沙特阿拉伯发生了多起因沙尘天气造成高压线路短路跳闸和大面积的停电；2006 年 2 月 12 日，悉尼南部和北部地区受沙尘影响发生的高压线路绝缘体短路，使约 3 万名居民失去电力供应；2008 年 5 月 26 日，蒙古国中东部和西部戈壁地区的沙尘暴天气导致高压线路受损，使东方省和苏赫巴托尔省断电；2007 年 3 月 24 日开始的席卷我国北方大部分地区的强沙尘暴造成宁夏平罗县部分地区供电中断、内蒙古二连浩特市全市停水 8 小时，且城区大面积停电达 16 小时，部分网络中断 10 余小时；近 10 年来，甘肃省兰州供电局和白银供电局的 330kV 线路所发生的 20 多次单相接地故障与事故中有 70% 无法查明原因，因为几乎都是在工频电压但空气湿度大或有沙尘暴等恶劣天气下发生的空气间隙放电。这样看来，你该相信沙尘暴期间出现的风沙电场的威力了吧！

其实，早在 1998 年，美国学者 D. S. Schmidt 等人就测量了怀俄明州 Seminoe 水库附近的低强度风沙流下的野外风沙电场，发现电场方向垂直地面向上，而在距地面 1.7cm 处测量的电场强度居然高达 166kV/m！几乎同时，郑晓静研究组独立开展了对风洞内风沙流电场的测量，分别研究了“均匀沙”和混合沙两种情形下的风沙流电场，结果表明：距离地表50cm以下，电场方向垂直地面向上，电场随着高度的增加而增加，且混合沙电场较之“均匀沙”电场要大得多，混合沙电场强度约为1～10kV/m的量级，而“均匀沙”却要小一个量级左右。

为什么大气中存在着电场呢？这是因为通常情况下地面带有负电，平均面电荷密度为$1\times10^{-17}C/m^2$，而空气中又漂浮着一定量的正电荷。那么，沙尘暴和由此引发的浮尘天气电场、风沙流电场又是怎么一回事呢？告诉您吧，那是因为沙粒带电！

1910年英国科学家C. E. S. Phillips[2]收集了来自撒哈拉沙漠等地的各种沙样，他将沙粒从锡制金属斜面下滑，使沙粒和金属面间接触摩擦，发现锡斜面的表面电势竟高达3 kV(见图8－2)。他还发现，沙粒从砂纸上滑下，沙粒会带上负电荷，而沙粒撞击砂纸后却会带正电。但对这一现象他并没有给出解释。

1913年，英国科学家W. A. D. Rudge[3]在一次野外大气电场测量中发现，在强沙尘天气时大气电场的大小、方向会发生突变现象。直觉告诉他：这与空气中悬浮的沙尘粒子有关。回到实验室后，他立即开始研究各种材料颗粒从金属管中滑落时的带电极性，发现同种材料颗粒无论从什么材料制作的圆管中滑下，都带有同样极性的电荷，而当用空气喷溅方式将沙粒卷起时，大沙粒带正电，小沙粒或空气带负电。

图8－2　E. S. Phillips使用的实验装置

随后，英国科学家P. E. Shaw以及英国科学家E. W. B. Gill和G. F. Alfrey分别于1929年、1948年和1949年测量了在室温下吹动砂纸上的沙粒、从金属漏斗和硅漏斗中所倒出的沙粒的带电情况。1978 年，美国航空航天管理局（NASA）的科学家 R. Greeley 和 R. Leach 开始关注沙粒带电的问题，他们的发现也表明了大沙粒带正电，小沙粒带负电，其临界粒径为 60 μm。这是最早给出的关于沙粒所带电荷的极性与粒径关系的结果。后来，人们还发现水滴和冰面碰撞会导致冰面带正电荷，而溅起的水滴带负电荷，这与在风吹雪研究中小颗粒带负电、大颗粒带正电的现象相一致。

然而，由于沙粒（或雪粒）表面形状异常复杂且体积太小，质量很轻，人们无法给出单个沙粒（或雪粒）的带电量，于是引入了“荷质比”这一物理量来表征沙粒（或雪粒）的平均带电量。1998 年，美国科学家 D. S. Schmidt 等人用法拉第筒（见图 8－3）测量了由集沙仪所收集到的沙丘表面 5 cm 高度处沙量的荷质比，发现平均粒径为 150 μm 的沙粒的荷质比为 60 μC/kg。与此同时，郑晓静研究组通过集沙仪与 D－Q3 型数字冲击电流计（见图 8－4）对风洞内风沙流中的沙粒带电情况测量发现，粒径小于 250 μm 时的“均匀沙”沙粒荷质比为负值，粒径大于 500 μm

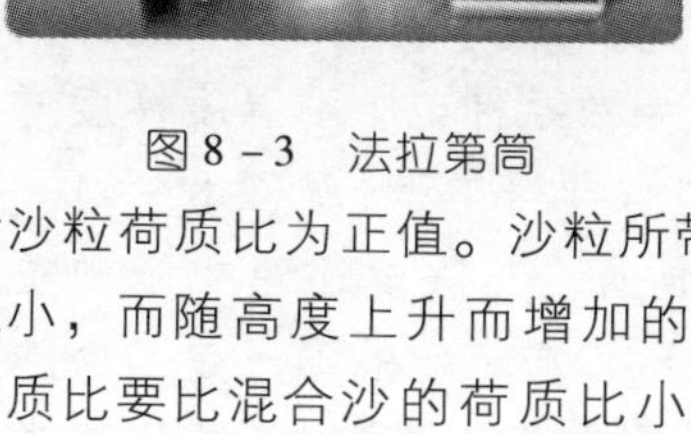

图 8－3　法拉第筒

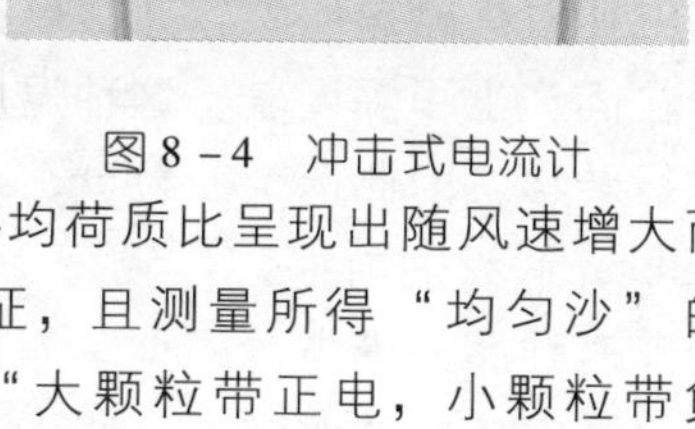

图 8－4　冲击式电流计

时沙粒荷质比为正值。沙粒所带平均荷质比呈现出随风速增大而减小，而随高度上升而增加的特征，且测量所得“均匀沙”的荷质比要比混合沙的荷质比小。“大颗粒带正电，小颗粒带负电”会导致什么样的结果呢？如图 8－5 所示，由于小颗粒质量轻，更容易悬浮在空中，大颗粒质量重而进行地面的蠕动和跃动，大小颗粒的分开同时也是正负电荷的分开，这时候就会形成方向垂直地面向上的电场。而根据上述实验我们发现，颗粒粒径之间的差异直接影响着沙粒的荷质比，进而也说明了混合沙电场较之“均匀沙”电场要大一个量级的原因。

图 8 – 5　沙尘暴中电荷分布结构

那么，沙粒是如何带电的呢？您可能首先会想到摩擦起电。不错！关于物体带电，我们最熟悉的莫过于中学物理课本中介绍的摩擦起电了。18 世纪中期，美国科学家本杰明·富兰克林研究认为有两种性质不同的电，叫做正电和负电。科学上规定，与用丝绸摩擦过的玻璃棒所带的电相同的，叫做正电；与用毛皮摩擦过的橡胶棒带的电相同的，叫做负电。那么，沙粒是否也是摩擦带电或是其他原因使其带电的呢？其实，由于受实验测量能力与仪器的限制，目前还难以对沙粒带电的过程进行直接观测与定量测量，甚至连测量风沙流中单一沙粒的电荷量还没实现，因此对沙粒带电的机理研究还一直停留在各种推测和假说阶段。

英国科学家 J. Latham 是较早开始尝试对沙粒带电进行解释的一位学者。他认为，沙粒带电主要是由于大小不同的两个沙粒间的非对称摩擦所致，并在碰撞瞬间由于沙粒表面积的差异使两沙粒间产生了温度差，这种温度差导致某种电子沿温度梯度方向进行转移，因此两个沙粒就分别带有异号电荷（见图 8 – 6）。在 Latham 假设的前提下，我国学者根据这一假设还建立了颗粒之间非对称摩擦带电的模型。假设导致沙粒带电的离子是因为沙粒吸附了空气中的水汽，这些水汽分子在碰撞、摩擦等作用下进一步离解为带电的 H^+、OH^- 离子。在沙粒碰撞接触时，由于沙粒半径不同而导致两沙粒温度不同，由此造成正负离子交换的数目不同，进而大粒径颗粒带正电，小粒径颗粒带负电。这一假说尚未直接得到实验的验证，因为很难对两个不同粒径的沙粒碰撞瞬间的温度差和电荷量进行测量。另外，两颗细小沙粒瞬间碰撞的温度差是否足以导致离子转移还不得而知。

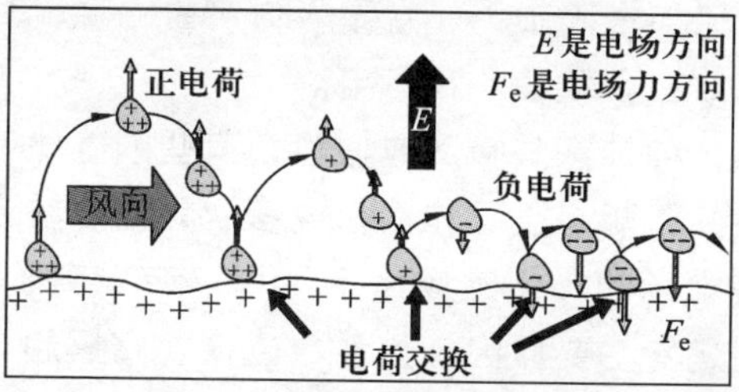

图 8-6　跃移沙粒与床面沙粒间的电荷交换及其受力变化

除了 Latham 的非对称摩擦导致沙粒带电的成因解释外，人们对沙粒摩擦带电的成因还提出了许多另外的猜测和解释。其中之一是依据“静态接触起电机制”，两个不带电的形状不同的沙粒先接触再分离后就会各自带电；其二是沙粒表面吸附其他介质，如水分子而形成的双电层，在发生摩擦时因双电层脱落而带电，即摩擦起电；其三是因为晶格裂解，即沙粒可能因局部碎、裂等而带电。其四是认为，在表面能不同的颗粒发生碰撞接触时，位于颗粒表面的高能离子相互间发生转移，从而导致颗粒带电。尽管这些起电的猜测都是依据物理学的原理甚至是物理学的最新研究成果产生的，但在解释沙粒的带电机理方面，由于尚未得到实验验证，因此目前还只能是假说。

上述沙粒带电均是在动态情况下，沙粒不运动是否也有可能带电呢？持“大气电场的极化感应作用”和“带电离子的吸附”观点的人认为：对于并不是绝对干燥的沙床，大气电场的极化感应作用会使沙床表面的沙粒带负电。当这些沙粒运动至空中时，由于大气会因宇宙射线的照射等因素发生电离而产生一定浓度的带电离子，则带负电的沙粒开始捕获周围带正电的离子、排斥带负电的离子直至沙粒自身携带的负极性被全部中和后，又开始吸附空中带负电的离子，导致沙粒带负电；或者沙粒原本不带电，但离开地表后吸附了大气中的带电离子才带电。也有人认为：沙粒的主要成分是二氧化硅——石英材料，在受力，如沙粒间的碰撞，或受热，比如太阳辐射，导致表面产生温度差后，会产生压电效应或热电效应，致使沙粒带电。

综上所述，种种这些猜测或假设，有些的确能够解释沙粒带电的机理，但并不能起主导作用，或者说只是沙粒带电的次要原因，如“大气电场的极化感应作用”和“带电离子的吸附”等，而有的可能则是其主要原因，如沙粒碰撞、摩擦起电。当然，这还需要对各种起电机制所引起的沙粒带电量进行定量分析，然而，目前还未能实现这一目标。不仅如此，现有的这些颗粒起电机制模型都无法体现出影响沙粒起电量的各种主要环境因素，如温度、湿度、大气压强、含水率，以及颗粒运动的速度等。因此，能更好地反映沙粒起电的新的物理模型亟待发展。

除了沙尘暴中的风沙电场外，科学家发现火山喷发时从火山口直接喷发出来的火山灰也能够产生闪电，而在火山口上空的火山灰被证明携带大量电荷(见图8－7)。《国家地理》杂志2010年5月27日报道称，今年4月初曾让国际航线瘫痪一时的冰岛埃亚菲亚德拉冰盖火山灰竟然携带大量电荷。由此想到：煤矿的瓦斯爆炸是否也与开采时煤灰颗粒形成的电场有关？如果是，那面粉厂和棉纺厂是否也有同样的问题呢？气固流化床的制粒，如聚合物、药物等过程中，是否也会因相关颗粒物带电形成电场体导致颗粒团聚、粘壁和沟流等问题？

换个角度来说，现代社会能源危机日益严重，尤其电、煤、石油等资源短缺更是严重制约着社会发展。那么风沙运动产生的电能否服务于人类社会？如设置金属栅栏，沙粒一旦运动并不断撞击栅栏，便会在栅栏上产生电荷，然后将其转化为电能收集储存；或者设置运动装置以感应电荷，并将其转化为电能收集储

图 8-7　火山灰带电[4]。摄于 1982 年印度尼西亚，Galunggung 火山喷发时的闪电。照片作者 R. Hadian

存；如果觉得功率不够，是否能与太阳能和风能一起综合考虑？有兴趣的话，您不妨试试！如果能实现，那可是件利国利民的大好事！

参考文献

[1] 郑晓静，黄宁，周又和. 风沙运动的沙粒带电机理及其影响的研究进展[J]. 力学进展，2004，34(1)：77-86.

[2] Phillips C E S. Electrical and other properties of sand [J]. Proc. R. Inst. G. B, 1910, 19: 742-752.

[3] Rudge W A D. On some sources of disturbance of the normal atmospheric potential gradient [J]. Proc. R. Soc. Lond., Ser. A 90, 1914, 571-582.

[4] James M R, Wilson L, Lane S J, Gilbert J S, Mather T A, Harrison R G, Martin RS. Electrical Charging of Volcanic Plumes [J]. Space Sci. Rev., 2008, 137: 399-418.

9 Chapter 谁“吞噬”了电磁波?

“大风起兮沙飞扬，黄沙飞兮遍四方”。可是，人们怎么能知道这一颗颗飞舞的沙尘颗粒组成的沙尘兵团的规模和行踪呢？您别着急！俗话说，“若要人不知，除非己莫为”。沙尘兵团进入高空后会“如饥似渴”地吞噬着太阳辐射，可是这些沙尘兵团实在没有“口福”，它一面贪婪地吸收，一面又以发射的方式几乎全部“吐”出！沙尘兵团的这一本性早在1845年就被德国著名科学家基尔霍夫不幸言中，即“在热力学平衡条件下，物体能量发射率与自身吸收率几乎相同”，这就是著名的“基尔霍夫辐射定律”。也正因为如此，沙尘兵团的马脚就露出来了。科学家们发明了一种叫做辐射计的仪器(包括微波辐射计、红外/远红外辐射计等)，用来检测沙尘兵团发射出的能量。在这类特殊仪器的“眼睛”中，由于沙尘向外部空间辐射能量，因此有沙尘的区域颜色较亮，无沙尘区域的颜色较暗，而且不同物体发射光谱性质不同(见图9-1)。当沙尘还在手舞足蹈地边“吃”边“吐”，以为进入高空就可以躲过人们的视线时，辐射计早将它们的踪迹“拍摄”了下来，并传送回地面接收站。科学家们通过对传回的信号进行破译，就可以分辨出高空中被沙尘暴覆盖的区域。将实时接收信号连续“破译”，就可以绘制出一系列的沙尘兵团的图像，也就可以较为准确地把握沙尘覆盖区域、规模及其输运路径的变化，这样沙尘兵团的行踪就一清二楚了。与此同时，科学家们还可以利用如微波雷达、激光雷达等仪器向天上的“沙尘兵团”发射电磁波并接收其反射回来的电磁波，通过分析回波信号的强度和相位等，获得沙尘浓度、粒径分布等信息，掌握“沙尘兵团”的内部情况。

图 9－1　云、沙尘在卫星图像中的标识[1]

1. 纯沙区；2. 云、沙混合区；3. 云区

这种探测“沙尘兵团”的规模和行踪以及内部细节的仪器，无论是被动式的辐射计，还是主动式的微波或激光雷达，其测量分析的原理都是基于物质对电磁波的散射和吸收作用。可是，科学家们发现，这类仪器也有不太准确的时候。例如：当发射的电磁波频率达 89 GHz 时，沙尘极化亮温（亮温是指与目标物体的辐射量相等的黑体对应的物理温度，用开氏温度表示）的实验反演值与按现有理论计算得到的结果相差近 10 K（实验测量与理论模拟

值相差 -4 %，但是，电磁波频率从 6.9GHz 增加到 89GHz 时对应的亮温相差仅仅 30 K，从这个角度来看，10K 的误差是非常大的）！而且，此时计算得到的在净空情况下的水平极化亮温比沙尘暴天气时的要小，这与实际测量结果恰恰相反[1]。这着实让科学家们费解！

无独有偶！类似的问题也发生在沙尘暴期间的无线电通讯方面。20 世纪 70 年代末 80 年代初，Al - Hafid 等人在伊拉克南部城市纳西里耶通过测量 11 GHz 的微波在沙尘暴中的信号，发现接收信号的衰减程度达到每几十分钟衰减 10 到 15 dB，且 10 dB 的信号衰减持续 150 min，26 dB 信号衰减持续 40 min，在某些严重沙暴情况下，信号衰减甚至持续数小时或完全衰落。可是，当科学家们对这一现象进行理论分析时，又出现了与实测值的明显差异！例如：测量得到的频率为 9.4 GHz 的微波在粒径为 40 μm、悬浮浓度约 6×10^{-5} mg/cm^{-3} 的沙尘暴中其功率衰减值为 34 dB/km，而按照现有理论得到的计算值却只有 1 dB/km，低于测量值 30 多倍[2]！又如：在对沙特阿拉伯首都利雅得的一次沙尘暴的测量时发现，测量得到的频率为 40 GHz 的电磁波的功率衰减值是理论计算值的 4 倍；而对于频率为 340 GHz 的近红外波，测量值又仅为理论计算值的 30%[3]。

那么，科学家们到底是如何对电磁波信号的衰减进行理论分析的呢？其实，电磁波在有颗粒物质存在的空气中传播时，电场强度、磁场强度仍然满足麦克斯韦方程，只是在颗粒介质与空气界面处的电场强度、磁场强度需要满足相应的边界条件。由此，德国科学家 G. Mie 建立了一套求解球形粒子光散射的理论，通常简称为“Mie 理论”。该理论针对电磁波遇到的颗粒粒径并不远大于入射电磁波的波长的情形，根据颗粒内外电磁场关系求解粒子的光散射场，计算得到电磁波功率的衰减值。对于小粒子，即颗粒粒径远小于电磁波入射波长的情形，科学家们一般可采用瑞利（Rayleigh）近似，即基于静电学理论，以静电场来等效球内和球附近的电场特性，并根据颗粒内外场的连续性求解得到颗粒的散射场。这些理论经过科学家们大量的实验和理论研究，发现在很多情形下都是可以得到准确预测结果的，而且在用于分析粉尘颗粒浓度、粒径以及云雨电磁散射等方面一直是比较成功的。为什么一遇到沙尘暴就出现问题了呢？是谁在沙尘暴中施展了“魔力”，使理论预测值与测量值出现如此偏差呢？

告诉您吧，这个“魔力”就来自小小沙尘上所带的那一点点电荷！

为了探究 Al – Hafid 等人测量得到的 9.4GHz 的微波在沙尘暴中的频率衰减值高出理论值 30 多倍的问题，郑晓静研究组提出了一个考虑沙尘粒子局部带一定量的负电荷的模型(图 9 – 2)。

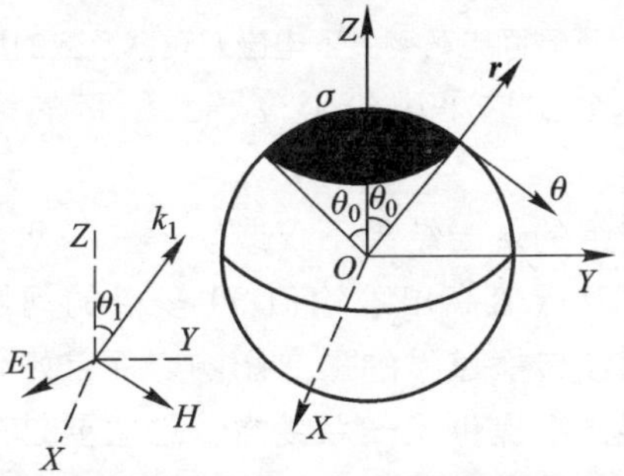

图 9 – 2　单颗带电沙粒及入射波示意图

她们仍然采用瑞利理论，只是考虑到在沙粒表面局部区域均匀分布有一定量的负电荷，其分布的区域所对应的圆心角为 $2\theta_0$，面密度为 σ，电磁波沿 θ_1 方向入射。通过计算发现，当假定沙尘带负电荷面密度达到一定值后，随着负电荷分布范围的增加，即 θ_0 的增加，计算得到的衰减值先增加后减小，并可以在某一角度范围内得到与测量值一致的电磁波的衰减值(图 9 – 3 中 1 ~ 5 点所示)。而此时不考虑沙尘粒子带负电荷，也就是将 θ_0 角度取为 0°，则计算得到的电磁波的衰减值就远远低于图中用“☆”符号标出的测量值。这主要是因为当颗粒表面携带电荷后，这些电荷会吸收入射电磁波，从而增强了带电沙粒对电磁波的吞噬。

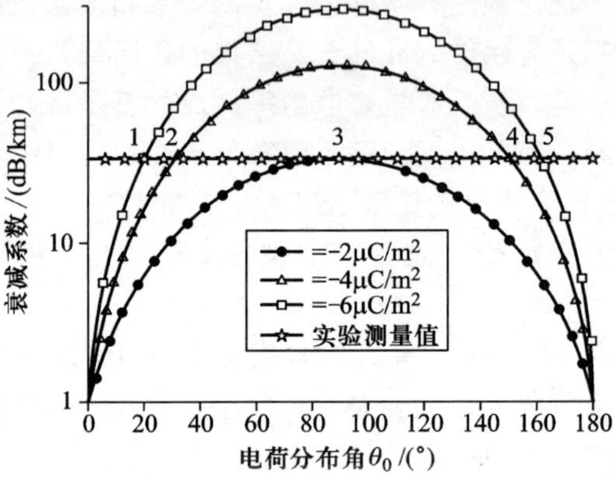

图 9－3　不同面电荷密度下电磁波衰减系数的影响曲线

此时您就体会到这小小沙尘粒子上所带的这一点点电荷的“魔力”了吧！

郑晓静研究组的这一结果不仅成功解决了 9.4 GHz 的微波在沙尘暴中的频率衰减值高出理论值 30 多倍的问题，揭示出沙尘颗粒带电对电磁波传播过程的重要影响，而且她们的结果还为沙尘粒子带电机理分析提供了一点线索。这主要是来自计算所给出的另一个十分有趣的结果，即：如果沙尘粒子表面均匀布满了负电荷，那么对电磁波衰减的效果等同于不带电荷的情形，见图 9－3 中的曲线在 $\theta_0=180°$时又回到 1 dB/km 附近。由此可以得出这样的推论：悬浮在空中的小沙粒一般是局部带负电荷。而导致局部带电的最可能的一种方式就是沙粒间的碰撞和摩擦，因此，这从一个侧面证明了沙粒间的碰撞和摩擦可能是导致沙尘粒子带电的主要原因。

进一步的研究又发现，局部带负电荷的颗粒与不带电荷或只带正电荷的颗粒对不同频率的电磁波反应也是不一样的。通常，当颗粒不带有电荷时，入射电磁波的频率越大，颗粒使它衰减的程度也就随之增加。这种衰减在颗粒的粒径与电磁波的波长相等时达到最大，之后随着频率增加衰减比较平缓，最终会稳定于一个确定的值。这一规律也适合于局部只带正电荷的颗粒。但是，当颗粒局部带了负电荷后，情况就发生了变化：对于频率较低，特别是小于40 GHz的电磁波，颗粒使其衰减程度是先随着电磁波频率的增加而减小(图9－4)，然后才随着频率的增加而增大；

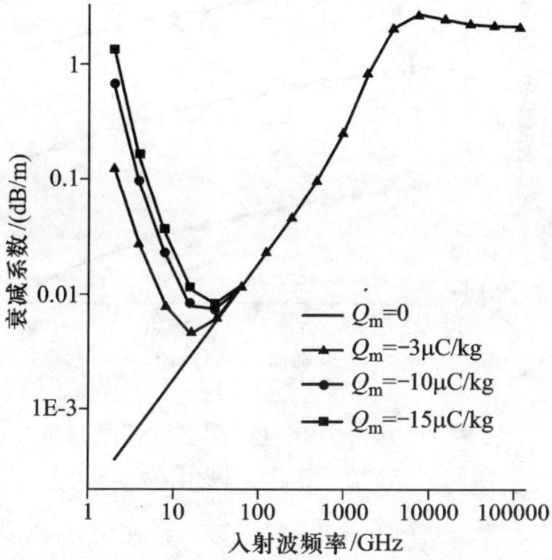

图9－4　基于Mie理论得到的电磁波衰减系数随入射波频率的变化($\theta_o = 90°$)

对于相同频率的电磁波，颗粒所带的局部负电荷量越大，对电磁波的衰减越明显；当电磁波频率高于40 GHz后，颗粒局部所带的负电荷几乎不再影响电磁波的衰减。对于频率大于100 GHz的电磁波，如红外线、可见光频段，沙粒表面的负电荷对电磁波的影响可以忽略。这主要是由于电磁场会对带电离子产生作用力，随着入射波频率的增加，颗粒表面的带电微观离子的振荡也随之加剧，使颗粒向外辐射的电磁能量相应增强，因此相对减少了颗粒对入射电磁波的吸收作用。另外，局部带负电荷的颗粒对入射电磁波衰减的影响还与颗粒的粒径有关（图 9－5），同一荷质比下，粒径越大，沙粒对电磁波的衰减作用越强；相同粒径下带电沙粒的荷质比越大，电磁波衰减也越严重。

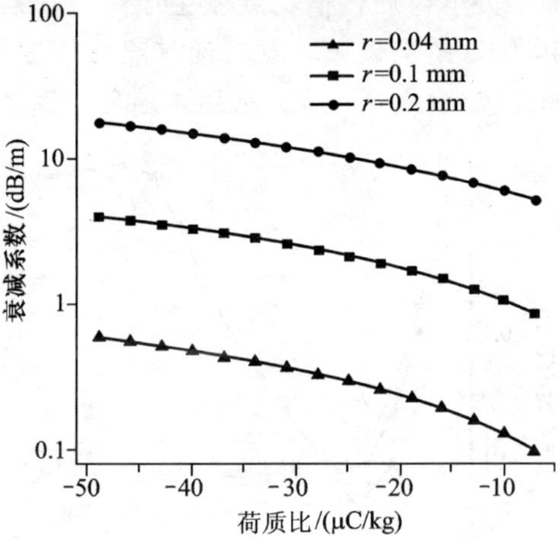

图 9－5　基于 Mie 理论得到的衰减系数
所带负电荷的荷质比的变化（$\theta_o=90°$）

依据上述分析，仔细查找导致沙尘极化亮温的实验反演值与按现有理论计算得到的结果相差近 10 K 的原因，郑晓静研究组发现，主要是由于当时是利用频率为 6.9 GHz 的微波对应的实验测量亮温值对计算机程序输入参数进行标定，然后用于较高频率电磁波的传输模拟。而由于颗粒带电荷后所引发的对电磁波的衰减会因电磁波的频率发生变化，因此这种用低频标定来处理高频散射的方法会导致初始输入参数比实际值偏大。正确的做法应该是在考虑沙粒带电会增强电磁波散射衰减作用的前提下，必须通过较高频率电磁波对应的实验测量值来对程序参数进行标定，然后用于低频电磁波传输过程的模拟，这样就会大大提高测量的精度。同样，对于“40 GHz 的电磁波测量得到的衰减值是理论计算值的 4 倍，而频率约 340 GHz 的近红外波，测量值又仅为理论计算值的30%”的问题，前者是因为沙粒表面电荷会增强对40 GHz电磁波的衰减，因而基于不带电考虑下的计算得到的电磁波衰减值小于实测值；而后者由于电磁波的频率高于40 GHz，颗粒所带负电荷对电磁波衰减的影响大大降低，对高于100 GHz的电磁波几乎没有影响，对于频率约340 GHz的近红外波，基于不带电考虑下的计算，得到的电磁波衰减值应该不会与实测值有太大误差，只是按照基尔霍夫辐射定律，高频情况下，沙粒在吸收入射波能量的过程中向外辐射的能量要多于低频(辐射能与频率4次方成正比关系)，因此补偿了被沙粒吞噬的功率，使得实际测量值小于理论预计值。

沙尘粒子带负电荷后对电磁波“吞噬”能力的改变除了受电磁波频率的影响外，还受到电磁波入射方位，即图9-2中角θ_1的影响。研究发现，这种影响不涉及那些不带负电荷或完全带负电的圆球形粒子，除此之外无一幸免。这种影响与非球形颗粒的散射性质相似，即：非球形粒子(无论带电与否)以及局部带负电的圆球粒子，会因为对电磁波产生交叉去极化作用，进而影响对电磁波的衰减。

那么，什么是电磁波的交叉去极化作用呢？实际上，这种作用是指在电磁波向某一既定方向传播的过程中，由于碰到一个具有非各向同性的介质，导致出现了一个与入射波电场方向相垂直的新的电场分量——交叉极化分量(见图9-6中E_{Hv})，从而使得电磁波的极化方向发生扭曲，削弱了其传播的强度[4]。通常，将电磁波同极化分量与交叉极化分量的电场强度之比定义为交叉极化分辨率，其单位为分贝，

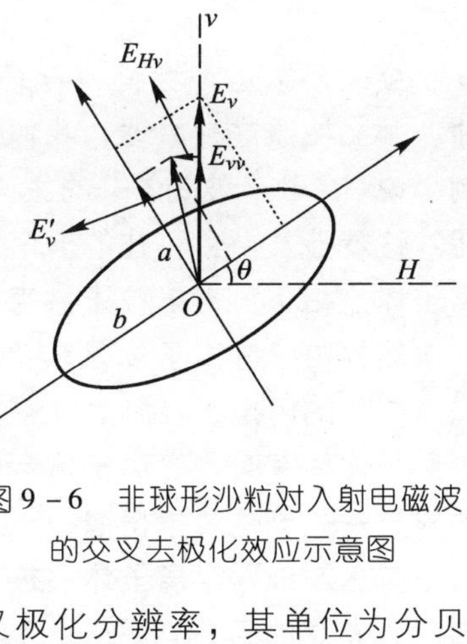

图9-6 非球形沙粒对入射电磁波的交叉去极化效应示意图

用 dB 表示。交叉极化分辨率的值越小，表明交叉去极化效应越强。导致交叉去极化效应发生的一个关键是介质的“非各向同性”，而各向同性的圆球沙粒(局部带了负电荷)、非圆球形的沙粒(无论是否带电荷)都在此列。据估算，如果沙尘暴中的沙粒局部带有荷质比为 -60 μC/kg 的电荷，即便这些沙粒是均匀圆球颗粒，当频率为 9.4 GHz 的电磁波遭遇沙尘暴时，在传输 1 km 后所导致的交叉去极化分辨率就能达到 5 dB，远小于雷达收发天线所要求的交叉极化分辨率大于 15 dB 的最低值(小于该值则天线无法准确接收到信号)。沙粒所带的负电荷不仅使交叉去极化分辨率大大降低，而且，在此情况下，同极化分量与交叉极化分量的相位差高达 30°左右——该电磁波传输 1 km 后发生了严重扭曲！这就是沙尘暴导致无线电通讯中断或信号失真的一个原因，而如果沙粒不带负电荷，即使是非圆球形状，对电磁波的交叉去极化效应也不会如此严重。比如轴长比为 0.95 的椭球形颗粒，9.4 GHz 电磁波传播 1 km 产生的交叉去极化分辨率约 51dB，相移差也只有约 1.5°。由此可见，沙粒表面的负电荷对电磁波的交叉去极化效应和扭曲远强于颗粒形状的非各向同性所产生的影响。

至此，您也许会问：电荷会增强沙粒对电磁波的吞噬和扭曲，那么按照这种原理，我们是否可以制造一种类似著名魔幻系列小说《哈里·波特》中的主人公哈里·波特所穿的“隐身衣”呢？这就涉及当今科技的一个最前沿技术——等离子体隐身。等离子体是指正负带电粒子共存且在宏观上呈电中性的电离气体。在自然界中，等离子体是较为常见的现象，如炽热烁烁的火焰、光彩夺目的闪电以及绚烂壮丽的极光等。当入射电磁波频率低于等离子体频率时，等离子体会使得探测雷达显示屏上出现目标物的虚像——电磁波被扭曲；当入射电磁波频率高于等离子体频率时，雷达波进入等离子体后被吸收——电磁波被吞噬，达到使探测雷达失效的目的。另外，科学家们还在试图通过研制特殊材料，做一件三维隐身的“电磁斗篷”，诱导入射光线或其他入射电磁波沿着特定的方向传播，使其绕过物体而不用发生反射现象。

综上所述，小小沙粒上的一点点不被人所知的电荷，不仅大大提升了沙粒对电磁波“吞噬”的能力，而且电磁波的频率越低，它“吞噬”的能力越强。同时，它还将电磁波“扭曲”，这一切都导致了电磁波在传播路径上的“灭亡”或“变质”，真可谓“人小鬼大”哟!

参考文献

[1] Ge J, Huang J, Weng F, Sun W. Effects of dust storms on microwave radiation based on satellite observation and model simulation over the Taklamakan desert[J]. Atmospheric Chemistry and Physics, 2008, 8: 4903 - 4909.

[2] 郑晓静，黄宁，周又和. 风沙运动的沙粒带电机理及其影响的研究进展[J]. 力学进展，2004, 34(1): 77 - 86.

[3] Adel A Ali, Alhaider M A. Millimeter wave propagation in Arid Land - a field study in Riyadh[J]. IEEE Transactions on Aanntennas and Propagation, 1992, 40(5): 492 - 499.

[4] Bashir S O, McEwan N J. Microwave propagation in dust storms: a review [J]. IEE Procreedings, 1986, 133 (3): 241 - 247.

10 Chapter 沙尘暴中的尘埃

“黄沙来袭！”——这是2008年3月2日韩国《全南日报》报道当年第一场沙尘暴登陆韩国的标题。次日，日本东京也笼罩在沙尘之中。与往年类似，个别韩日媒体在报道沙尘暴时提到其源头是中国的戈壁沙漠，将矛头直指中国。更有甚者，法新社干脆直接使用了“中国黄沙袭击日韩”的标题(图10-1)。那么，造成日本、韩国沙尘暴的沙源是否只是中国，这种沙尘暴的远距离输送是否仅仅在亚洲发生，其他国家或地区是否发生过沙尘的国际或洲际跋涉问题呢？

首先，我们要了解全球主要的尘埃源地。目前已确定的全球沙尘暴尘埃的来源地主要是：非洲的撒哈拉沙漠，萨赫勒地区，西南非的纳米比亚沙漠，印度的印度山谷，西玛拉雅山北部的塔克拉玛干沙漠，蒙古的戈壁滩，澳大利亚的艾尔湖盆地，美国加利福尼亚州东南部的索尔顿，玻利维亚与秘鲁之间的阿尔蒂普拉诺山脉，以及安第斯山脉的巴塔哥尼亚地区[1]。在亚洲境内，除蒙古国南部(也是我国沙尘暴主要的境外来源，影响我国的沙尘天气有近70%起源于蒙古国的戈壁、沙漠化地区，分别从内蒙古西部的阿拉善盟和东部的锡林郭勒盟入侵我国[2])、中亚的哈萨克斯坦等以外，中国境内由于特殊的地理环境具有数量众多的沙漠，这也是亚洲尘埃源地的主要组成部分。

图 10－1　2008 年 3 月 2 日——浓重的沙尘暴弥漫，在韩国光州广域市光山区光新昌洞，面戴口罩的学生们正在过人行道。

(图片来源 http://chn. chosun. com/)

千万别小看了这些尘埃！除了能够影响环境并造成农田有机质流失等问题以外，这些尘埃还会给人类的身体健康带来极大的危害。它不仅含有一些矿物成分，还携带了细菌、真菌、化学污染物等许多有害成分。同时，它会在您没有感觉的情况下进入您的身体：直径在 10 μm(空气动力学直径为 PM10)左右的尘埃会被人体吸入并在肺部气管中沉积，造成支气管堵塞；直径在 4.0 μm(PM4.0)以下的尘埃可进入到人体的肺部气体交换区，影响肺的正常工作；直径在 2.5 μm(PM2.5)以下的尘埃危害最大，因为它可以穿过肺部入口的过滤机制，将病毒直接带入肺部组织，或在肺部内表面形成一层膜，使您的肺变成“尘肺”。经过远距离输运的洲际尘埃云团，吸附污染物、藏污纳垢，对人类健康和环境的危害就更大了。

那么，这些风沙研究中称为粉尘的尘埃，又是如何从地表释放到空中的呢？您可能以为这些尘埃的起动与第六章介绍的沙粒的起动一样，其实不然。由于尘埃颗粒的粒径小，决定了它们的起动与沙粒量级颗粒的起动机制和过程趋势完全不同！根据拜格诺等人的研究，对于沙粒来说，粒径越大越不容易起动，因为此时克服重力做功相当困难。但对于粒径小于 80 μm 的微尘，起动风速则随着粒径的增大而增大[3]。出现这种情况的关键就在于尘埃间的内聚力远远大于它们的重力。您一定见过结成块的泥土，但很难见到团聚在一起的沙粒，这就是因为泥土的粒径小但内聚力大、沙粒的粒径大但内聚力相比之下可以忽略不计的缘故。天然土壤中的尘埃或聚合为团聚体，或黏附在较大的沙粒表面，风力很难直接将它们吹散。这就如同房间死角里长年累月积下的灰尘，会有一定的黏性，有时甚至用抹布也难清除干净。

既然尘埃的黏聚力非常大，为什么沙尘暴发生时还会产生巨量的尘埃呢？目前，研究者们认为尘埃从地表扩散的机制有流体起动、跃移冲击和团聚体破碎三种，见图 10－2。其中，流体起动是指由于空气的动力作用使尘埃直接脱离地面而悬浮在空中，这种起尘率一般很小，即由于上面所介绍的尘埃间内聚力作用所致；跃移冲击是当跃移粒子（沙粒或团聚体）撞击地面时，引起的局地冲击力足以使地面土壤粒子克服粒子间的束缚，被跃移粒子冲击起尘；粒子的破裂和团聚体破碎，顾名思义就是包裹着尘土的沙粒或尘埃聚合体在强风蚀时发生破碎，从而释放出尘埃，弱风蚀条件下，细小的尘粒不会释放出来，包括尘土的沙粒或尘埃聚合体的行为方式类似单个沙粒[4]。

在这几种机制中，跃移冲击是最为重要的一种，可以采用风洞实验来证明。这是一组对比实验：第一组是在风洞的底板上铺设长 2 m 的尘埃床面，床面颗粒经过严格筛分，粒径很小，并在下风处架设集沙仪器收集尘埃；第二组实验与第一组类似，但不同的是，在尘埃床面的上风位置铺设长 1 m 的沙床，沙粒粒径 300 μm 左右。在不同的风速下进行吹蚀时，上风的跃移沙粒首先起动，经过一段时间的飞行后会落在下风的尘埃床面上。实验结果表明：随着时间的推移，两组实验中集沙仪器收集到的尘埃量的变化趋势有

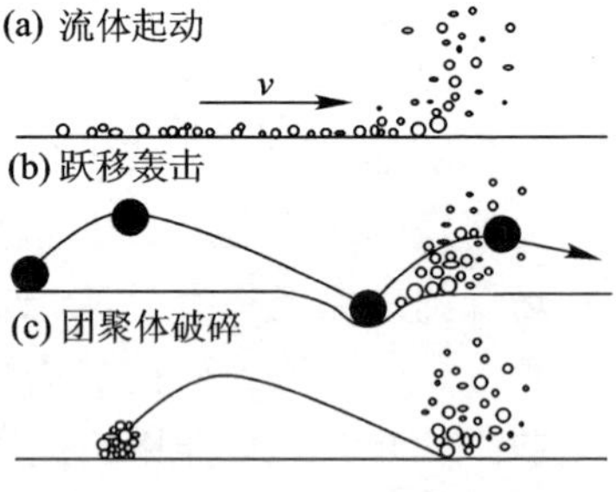

图 10－2　尘埃扩散机制示意图[3]

很大差别(见图 10－3)：第一组实验收集到的尘埃量在实验开始阶段迅速增加而后急剧下降，而第二组则在经历了开始阶段的迅速增加之后仍会保持一段时间的高输沙量，直至床面沙尘耗尽才迅速减少。这就说明：沙粒的跃移冲击对尘埃扩散有重要影响。

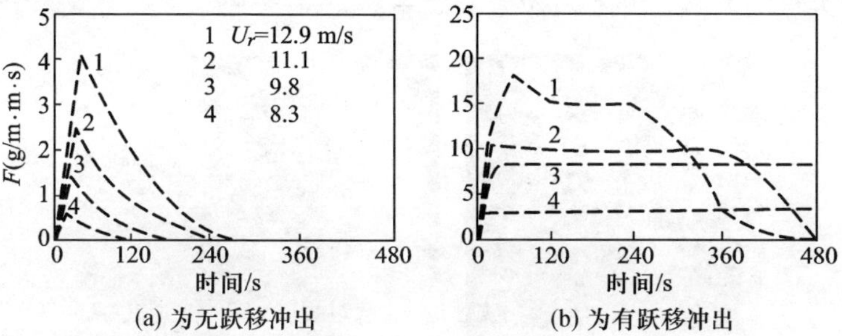

图 10－3 四组风速条件下的实验结果[3]

从地表释放的尘埃在大气湍流扩散的作用下被输送到高空中，就可能成为尘埃云团。那您一定还想知道，这些尘埃究竟会走到哪里？它何时会回落，或者说沉降下来？对于第一个问题的答案您可能会觉得难以置信，因为它们能随大气环流漂洋过海！不信，请看图 10－4。图 10－4a 是 2004 年 8 月 19 日卫星拍摄的照片。从照片上可以看出，地中海上空出现大片模糊区域，这可不是云团，而是正在漂洋过海一路北去的撒哈拉沙尘，使图上的科西嘉岛、撒丁岛和西西里岛的部分地区模糊不清。图 10－4b 是 2003 年 4 月 16 日卫星拍摄的照片，它显示了非洲地区扬起的沙尘能够漂移到北部多远的地方。图中可以看到沙尘形成的一条长弧，沙尘越过法国南部向西北移动，往北跨过大西洋和爱尔兰、苏格兰，并继续向东北的瑞典和挪威移动，最后南下到丹麦。彩图 10－5 给出了 2010 年 3 月 4 日，肆虐在中东地区的沙尘暴。尘埃流在约旦和叙利亚产生，在风的作用下向东北偏东方向推进。NASA 的 Terra 卫星上的中分辨率成像光谱仪在 3 月 4 日拍摄到这张真色彩图像。一股厚厚的沙暴流覆盖了科威特到波斯湾西北端的区域。图中可以看到大约 100 km 宽的不透明的尘埃流混杂在云朵里，从沙特阿拉伯向东延伸到科威特，并进入伊朗境内。沙暴如此的厚实，卫星拍摄的地表影像完全看不清楚，波斯湾一些地方也被遮盖了，伊朗上空的云堤接下来可能会受到这种天气的影响，并卷入沙尘暴之中。

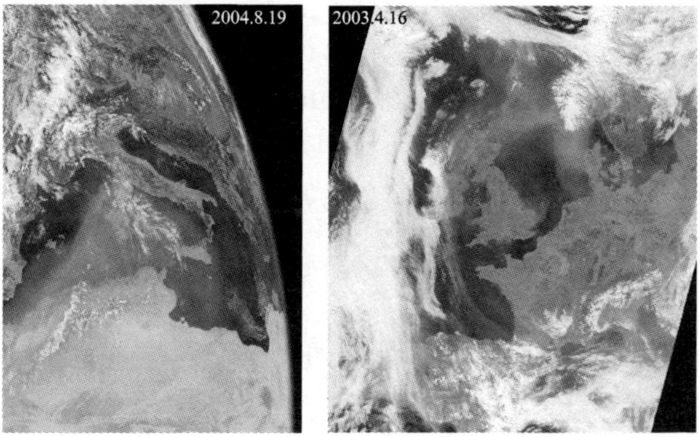

(a) 撒哈拉沙漠的沙尘可以向北越过地中海

(b) 非洲地区扬起的沙尘可以向西北输送到法国南部地区

图 10 - 4

(图片来源：SeaWiFS Project, NASA/Goddard Space Flight Centre, and ORBIMAGE)

显然，尘埃对气流的不离不弃是它们能够实现长途跋涉的主要原因，但具体的分析就得从它们的受力说起。由于空气的密度(1.23 kg/m^3)相对于沙粒的平均密度(2 650 kg/m^3)来说非常小，我们只考虑影响沙粒运动的两个关键的力：重力和拖曳力 F_D，这样，就能确定沙尘跟随气流的两个主要原因了：(1)沙尘的粒径——决定重力的大小；(2)气流的特征——决定拖曳力的大小。由于气流的湍流特性，使得沙尘的速度和轨迹也具有了随机性。但是，如果沙尘比较大，或者说重力大于拖曳力，湍流的特性就不太明显，一方面沙尘会落下来，另一方面沙尘的运动轨迹就相对“光滑”(如图 10 - 6a)。反之，当沙尘较小，重力与拖曳力相当，那么沙尘可能会长时间被气流的湍涡携带而不落回地面，其运动轨迹也就不再“光滑”了(如图 10 - 6b)。在风沙运

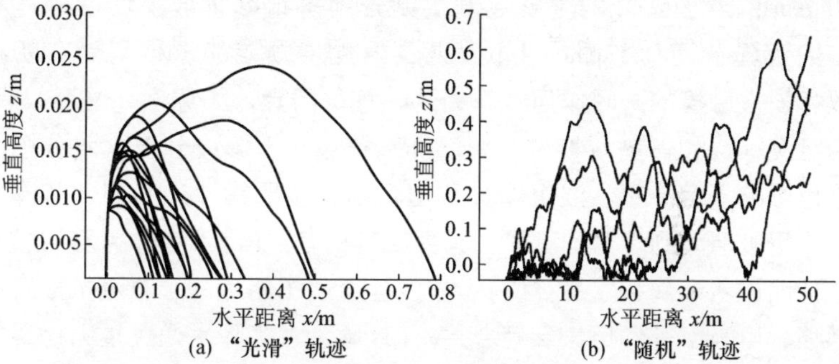

图 10 - 6 沙尘轨迹[5]

动研究的早期，人们只以粒径的大小来划分沙粒的运动，认为：粒径大于 500 μm 的沙粒只能在地面附近滚动；粒径在 70 μm ~ 500 μm 的沙粒仅能做跃移运动；只有直径小于 70 μm 左右的沙粒才可能进入悬移，与风儿“缠缠绵绵到天涯”。后来，考虑到风速的脉动特性——湍流特征的影响，发现风速的脉动和沙尘起跳速度的大小对沙尘运动形式都会有影响。在我们常见的沙尘暴风速条件下，由于有较强的热对流等原因导致风场有较高的湍流度，也就是脉动性特别强，粒径大于 100 μm 的沙尘在空中也可悬留几小时，而粒径小于 100 μm 的沙尘则可以上升到 6km 的高度且输送到 6 000 km 以外，至于粒径小于 1 μm 的沙尘在空中可滞留的时间就更长了，甚至可达几个星期[6]。目前，在模拟尘埃远距离输送的全球尺度和区域(洲际或国际)尺度模式中，所关注的沙尘粒径分别为小于 10 μm 和 20 μm ~ 100 μm。

当然，沙尘暴中产生的尘埃浓度在输送过程中也不是一成不变的。随着风速、湿度等条件的变化，伴随着一些复杂的物理、化学作用，尘埃会不断地沉降、扩散和稀释。通常将尘埃沉降分

为干沉降与湿沉降两种。干沉降又称干沉积，主要指沙尘由于重力、相互碰撞、分子布朗运动的扩散和湍流的扩散等导致的沉降。研究表明：直径小于0.1 μm、在1 μm～10 μm左右和大于10 μm的沙尘沉降的主要控制机制分别是布朗扩散、惯性碰撞和重力沉降；而0.1 μm～1 μm范围内尘埃颗粒的沉积则受布朗扩散和惯性碰撞的共同作用[7]。另外，气象因素，如温度、湿度、风、稳定度等，和下垫面特性，如海洋、植被、土壤成分及含水分多少等也影响干沉降量。湿沉降又称湿沉积，主要指沙尘受到云和降水的作用被清除到地表的沉降，其主要过程有：(1)沙尘作为凝结核和冰核而进入云滴和冰晶；(2)云中沙尘通过布朗运动、湍流扩散及热漂移、电吸引等作用与云滴合并；(3)雨、雪等降水通过重力碰撞并清除云下较大的沙尘(半径大于1 μm)；(4)云、雨滴在云下蒸发形成温度场和水汽场，因热漂移大于水汽扩散作用，总效果利于小粒子迁移合并到水滴中。目前，大多数的湿沉降研究主要针对的是云下清洗过程，还很少考虑云中清洗过程。

对于尘埃的研究远不如对沙粒的研究那么深入。一方面是因为尘埃的释放过程比风沙流复杂，使理论分析更为困难；另一方面也是由于尘埃的测量仪器相对于沙粒的测量仪器来说要少，可靠性也有待检验。特别是其中一些与力学相关的问题还未能解决。如：如何准确估算尘埃的释放量？在已经发展起来的基于跃移冲击过程中能量损失的模型和基于跃移沙粒冲击床面形成“犁坑”体积而发展的轰击模型中，所涉及的尘埃结合能和土壤塑性压力等参数都还停留在假定或根据数据反演的阶段，且取值范围非常大。另外，现在的尘埃释放模型还难以给出符合实际情况的尘埃释放的粒度分布。因此，现有的这些模型还远未能达到准确定量的程度。又如：如何准确估计沙尘的沉降速度？这里涉及如何准确计算沙尘所受到的力，其中沙尘体积和质量以及形状在沉降过程中的改变、沙尘形状的不规则、气象因素和地表特征对气流湍流特性的影响、植被和地表的黏度以及硬度等对降落尘埃的吸附或反弹能力、降到地表的尘埃的二次释放等等，都使得沙尘的受力更为复杂。

至此，从源地释放的这些尘埃粒子终于“尘归尘，土归土”，完成了一次长途跋涉，真所谓“尘埃落定”。但是，在气候变化、荒漠化程度日益加剧的今天，作为一种自然灾害，频繁发生的全球范围内的沙尘(暴)，其预测和预报以及防治仍是任重道远。大自然和沙尘暴是不会去理会受害国的自哀自怨的，人类只有一起携手攻克相关的研究难题，共同开展保护和治理，才能拥有美好的家园。否则，覆巢之下，安有完卵?

参考文献

[1] Ginoux P, Chin M, Tegen I, Prospero J M, Holben B, Dubovik O, Lin S-J. Sources and distributions of dust aerosols simulated with the GOCART model [J]. J. Geophys. Res., 2001, 106: 20255 - 20273, doi: 10. 1029/2000JD000053.

[2] 张凯，高会旺，张仁健，朱燕君，王跃思. 我国沙尘的来源、移动路径及对东部海域的影[J]. 地球科学进展，2005，20(6)：627 - 636.

[3] ShaoY P. Physics and modeling of wind erosion [M]. Boston: Kluwer Academic Publishers, 2000.

[4] 赵琳娜，孙建华，赵忠雄. 一次引发华北和北京沙尘(暴)天气起沙机制的数值模拟研究[J]. 气候与环境研究，2002，7(3)：279 - 294.

[5] Wang P, Zheng X J, Hu W W. Saltation and suspension of wind-blown particle movement [J]. Science in

China (Series G), 2008, dio: 10. 1007/s11433 - 008 - 0106 - 6.

[6] 王炜，方宗义. 沙尘暴天气及其研究进展综述[J]. 应用气象学报，2004，15(3)：366 - 381.

[7] 黄宁，辜艳丹. 粉尘释放和沉积机制的研究进展[J]. 地球科学进展，2009，24(11)：1175 - 1184.

11 Chapter 大漠孤烟话尘卷

您一定熟悉唐朝诗人王维在《使至塞上》中的名句："**大漠孤烟直，长河落日圆**"。那是一幅多么宁静的情景：火红的圆圆的太阳正缓缓地接近地表，似乎要落到河里；荒凉的原野上，孤零零的一户人家，袅袅炊烟悠然直上……。如果您真的如此想象，那就错了！荒凉的原野上何来的一户人家呢？就像《红楼梦》四十八回中香菱所说："**想来烟如何直？日自然是圆的，这一'直'字似无理，'圆'字似太俗。**"其"无理"的关键在于"孤烟"一词，千百年来未能得到确切的解释。请看由上海古籍出版社出版的清代赵殿成《王右丞集笺注》中关于"孤烟直"的解释："**谓边外多回风，其风迅急，袅烟沙而直上。亲见其景者，始知'直'字之佳**"。可见，这里的烟不是炊烟，而是沙，回转的急风卷起的沙！[1]

本书作者在沙漠考察中就亲眼见证了这一场面。那日，八月的午后，骄阳似火。车辆正行驶在通向新疆的312国道的酒泉荒漠戈壁路段，一望无际的戈壁滩平静得没有一点风的迹象，枯燥导致的视觉疲劳让人禁不住昏昏欲睡。忽然间，远处一股股急速旋转的沙尘平地而起，直直的如擎天柱竖于沙面之上。我们一下子兴奋起来，跳下车，朝着沙柱奔去，可惜，看似近在咫尺，却远在天边，它在远离我们的方向跑得比我们还快，仓促间只拍到一张图片(见图11-1)，而这样的场景早有记载(见图11-2)。

图11-1　作者拍于酒泉戈壁

图11-2　尘卷近景

(图片来源:2005年7月拍于美国密歇根州,NASA)

这就是大漠上常见的风沙之舞——尘卷，荒漠戈壁午后的常见现象。它有时上大下小，俨然一个巨型漏斗(近景见图11-2)，或飘摇不定，或急速行进，几分钟内又倏忽消失，诡异犹如“过眼云烟”。它的主要特性之一就是旋转，有的逆时针，也有的顺时针。据学者们观测，尘卷从形成到消失约为10秒左右到30分钟不等[2]。

除了文章开头人们对尘卷的误解外，对这种现象的不了解也为这一现象披上了神秘的外衣。清明时节，祭奠扫墓，焚烧纸钱。突然一阵幽风起，把树叶、杂草连同燃烧的纸钱和纸灰一起卷走……。于是人们就以为“鬼魂取走了馈赠”、“死者接受了礼物”，并因此而感到慰藉，甚至把这种自然现象看作生者与死者之间的“心灵感应”！其实，这种来无影、去无踪的空气涡旋正是气象学上所称的尘卷，俗称“旋儿风”。由于它范围小，起止突然，又常在无风的时候旋转着前进，卷起的悬浮物若隐若现，变幻迷离，人们不明白它的产生原因，就误认为是死者的

“游魂”。

2004年8月27日下午3点，奥运“水立方”工地被一场突如其来的“尘卷风”袭击(图11－3)，狂飙将整个建筑工地夷为平地。据《北京纪事》报道，这场“尘卷风”导致46名工人受伤，其中2人因伤势过重，抢救无效死亡。于是有传言说，“水立方”工地前方正对着的北顶娘娘庙完好无损，为了满足整体的设计，这座庙在搬迁拆除之列。当天，工人刚拆了庙门，突然昏天黑地，大风就开始狂刮，将工地所有建筑物摧毁，唯独该庙安然无恙，大家就觉得非常神奇，内心突生恐惧。中国有句迷信的古语道：庙前殿后不建房。“怪风”的突袭甚至让部分工人产生了恐惧的心理。

图11－3　北京水立方工地遭遇尘卷风

(图片来源：http://news.xinhuanet.com/)

可以肯定的是，尘卷并非人们所言之“鬼风”，而是以某种形式运动的气流。研究人员可以通过对尘卷现象的理论分析[3]，定量再现尘卷形成和演化的过程。图11－4是计算区域示意图。由于尘卷风容易出现在地面受太阳辐射等因素影响而温度较高的局部地区，因此在定量模拟中，假设尘卷发生的中心区域，即图11－4中的内圆区域的地表温度比外圆区域的高(这是很普遍的，只要内圆外部区域存在局部地表的差异，比如植被的多少等，就可形成这种地表温度的不均匀)，然后假定初始时刻计算区域顶部边界上有一个回转风，在底部铺设粒径不一的

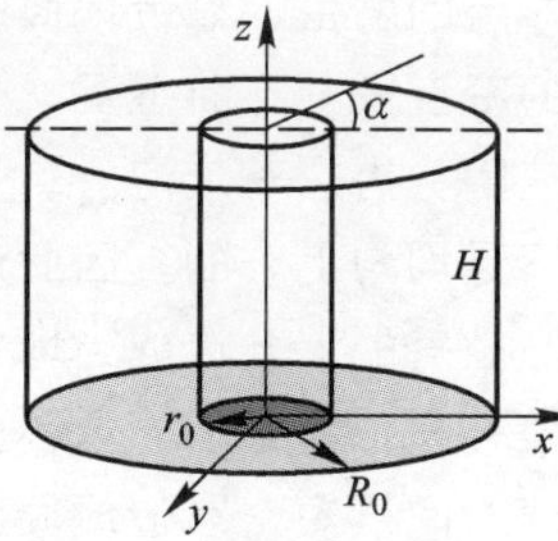

图11－4　尘卷模拟区域示意图

沙粒，采用流体力学的大涡模拟方法，结合反映地表温度变化的地表能量方程，就能定量模拟出尘卷风发生的全过程。计算结果显示，初始时的等温线在中心温度高的地表上方形成了类似于球形的分布，然后随着时间的推移，球形等温线逐步向上传递并在某一高度处与底层分离(见彩图 11－5)。同时，在温度向上传递的过程中，高温区域的范围逐步扩大，其表现形式为尖顶形等温线演变为圆顶形等温线。与此对应的是，在计算区域内，气流形成强烈的湍流柱和对流柱，这种柱状气流能保存其初始角动量，从而形成漩涡。计算结果还显示，随着计算时间的推移，越来越多的不同粒径的沙粒将进入旋转风场，直到气流中的沙粒数与风场达到一种动态平衡。从第一颗沙粒起跳到尘卷的充分发展大概需要 90 s 左右的时间。由彩图 11－6 给出的第 5 s 时计算得到的尘卷风构型可以看出，小粒径沙粒($d=0.15$ mm，红点)一般位于尘卷构型的较高处，而大粒径沙粒($d=0.25$ mm，蓝点)所处的位置最低，粒径 $d=0.2$ mm 的沙粒(绿点)在尘卷中的运动位置处于二者之间[3]。这就是尘卷中的分层现象，它与风成地貌中沙波纹所展示出的分层现象(见第十三章)刚好相反。

由此证实，尘卷的形成首先是因为地表温度的不均匀导致了热对流的发生，靠近地面的空气首先被加热抬升，而高空密度较大的冷空气则不断下沉，从而形成上、下层空气的对流，向上的空气团称为热对流泡。二是气团具有一定的旋转角动量。因为气流不是均匀上升的，因此产生了气团的切向动量，导致气流的旋转。空气的上升造成当地密度降低，形成了局部低压，周围空气汇聚补充，势必加剧这种旋转的动量，最终形成尘卷风。尘卷风出现时间很短，在造成局部低压和风速的作用下可把地面上的尘沙、纸片或细小物体卷入低空。

明白了尘卷风的形成原理，就不难理解“旋儿风”的形成了。“纸钱”燃烧时要释放一定的热量，使燃烧点与周围空气的温差增大，燃烧点的空气受热上升之后，周围的空气就要流进来补充。在上升气流和水平复合气流的综合影响下，空气就会突然旋转，而燃烧后的纸灰格外轻，也就很容易被一扫而去了。

此时，您也许会问：尘卷风形成的两个条件是非常普遍的，可为什么尘卷的现象只是在荒漠戈壁或烧“纸钱”时见到呢？这是因为空气流动造成的风只能通过感官察觉，或通过对地面标志物如树木、旌旗的影响程度来判断，无法用肉眼看到。尘卷风之所以能被“看到”，是因为它卷起了浮尘、纸灰等轻物质。就如同流动显示，通过向流场中撒入示踪粒子来间接判断流场的特征一样。用沙尘“照妖镜”，将“鬼风”显了原形，使其无处可遁。很明显，示踪粒子越小，对流体流动的跟随性越好，越能反映真实的流动情况。如果示踪粒子不够小且显示清晰，人们肉眼观察到的尘卷就未必是完整、真实的尘卷。如图 11－7 所示，由

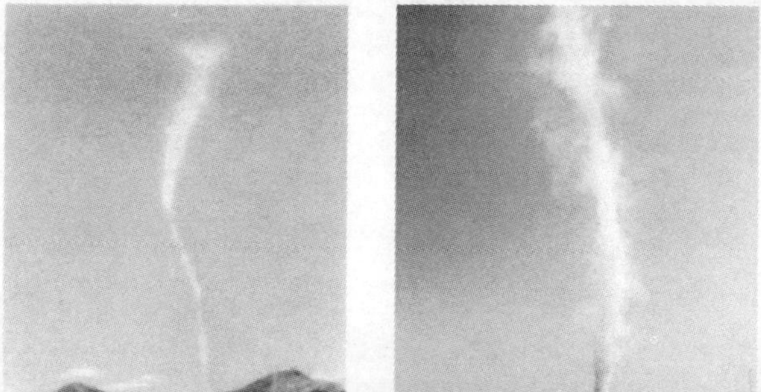

图 11－7　显示较完整的尘卷风

（图片来源：http://www.zsqx.com/(a)；http://www.fjzsksw.com/(b)）

于尘卷的发生地有非常细小的沙尘，导致尘卷显示的比较完整。科学家们观测到地球上尘卷风的高度范围在 10 m～500 m 之间，但也有澳大利亚的学者根据气象飞机的监测发现，尘卷风可高达上千米。可见，人们看到的并非“庐山真面目”，高空中气流挟

带起的灰尘浓度小，不足以用肉眼识别出来，致使尘卷在人们眼里“变矮”了。

另外，有研究表明：地面的粗糙度对尘卷的形状有一定的影响。地面粗糙度大时可能形成倒圆锥状的尘卷(见图 11－8)，地面粗糙度小时则表现为管状或柱状(图 11－9)。不仅如此，即使同一地区的尘卷风也不尽相同。例如，美国学者 Sinclair 对尘卷风进行的观测研究结果表明[2]，在亚利桑那州图森市附近观测到的 55% 的尘卷风直径在 3 m～15 m 之间，15% 的直径大于 15 m，尘卷风内外的典型温差大约 4 ℃～8 ℃，压差 250 Pa～450 Pa。旋转速度的最大值在每秒 5 m～30 m 之间。同样，由于尘卷风周围环境的不均匀，空气的增温加热也并不同步，导致热泡周围的

图 11－8　圆锥状的尘卷风

图 11－9　圆柱状的尘卷风

(图片来源：http://blog. sina. com. cn/)

气流不对称，有高压和低压之分。这样，在尘卷风形成后，这种高低气压差就为尘卷的移动提供了原动力，尘卷作为平均气流就会从高压向低压处移动，这就是尘卷也会“跑”的原因了。

火星上也有尘卷。1976 年，NASA 发射的“海盗号”火星探测飞船传回的气象照片显示火星上也存在尘卷(图 11－10)。接着，一些学者对此展开了分析，地球上的尘卷风一般只有百米，

而火星上的尘卷风却可以高达 10 km，其直径也要比地球上的大。造成这种差别的原因是各自的大气边界层不同。因为空气密度、温度等原因造成了不同尺度的热对流泡，从而形成了不同尺度的尘卷风。边界层性质与尘卷风的尺度有一定的联系，但是目前对二者关系的研究略显不足[4]。

与沙尘暴发生时会形成很强的风沙电场一样，尘卷风发生时也会产生尘卷电场，不可小觑。学者们通过野外测量发现[5]，地球上，直径 10 m 左右、高 100 m ~ 200 m 的小型尘卷风中电场可达几百 V/m。智利大气科学家 Michael 在美国内华达州的一个沙漠盆地中进行初步的测电试验时，得出尘卷电场在 50 m 的高度达到了 4 kV/m，形成一个类似通电螺旋管的磁场，大型尘卷风中心 50 m内电场甚至可以达到 10 kV/m。火星尘卷风比地球尘卷风强度大得多，其产生的电场也大，可达 20 kV/m。在稀薄的火星空气中，高的电压足以将空气分子变成离子，形成闪电。

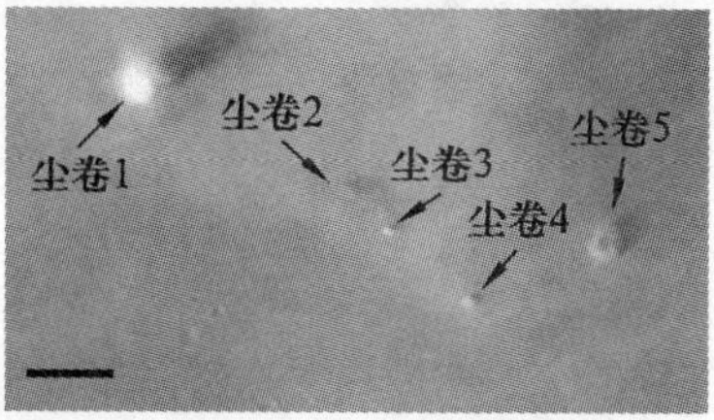

图 11－10　火星上同时存在的 5 个尘卷
（左下角黑条的长度代表 3 km）
（图片来源：2054 号飞行器拍于火星 Syria 平原，NASA）

您可能还会问，尘卷是沙漠中的龙卷风吗？的确！尘卷与人们常见的龙卷风外形看起来有些类似，但它们的内部结构却完全不同。尘卷风是一种强烈的、小范围的空气涡旋，是在极不稳定的天气下由空气强烈对流运动产生的。龙卷风是由雷暴云底伸展至地面的漏斗状云（龙卷）产生的强烈的旋风，是从积雨云或发展很强盛的浓积云即通常所说的雷雨云体中伸下的猛烈旋转的漏斗状云柱，它有时从云底下伸随即隐匿，有时悬挂云底空中或触及地面。龙卷漏斗的轴开始形成时，一般垂直于地面，发展到上下层风速相差较大时，就呈倾斜状或弯曲状。其下部直径最小只有几米，一般为数百米，最大可达千米以上。它的中心气压很低，造成很大的水平气压梯度，从而有极强的旋转力，风速为 50 m/s ~ 150 m/s，最大可达到 200 m/s，远远大于 12 级风（风速 33.6 m/s），一般伴有雷雨，有时也伴有雹。当它触及水面或陆地时，均可能造成严重破坏。现在，人们对形成龙卷风的复杂条件还不是很清楚。但是，形成龙卷风巨大能量的一个重要来源，是空气中必须有充沛的水汽。目视观测可明确辨认龙卷风是从雷雨云云底盘旋下伸的，而尘卷风则是近地面空气中出现的小尘柱，两者有很大不同（见图 11－11）。

图 11－11　龙卷风
（图片来源：http：//photo.huanbohainews.com.cn/）

如果说龙卷风和尘卷风是“貌合神离”，那么火龙卷可以说是尘卷风的近亲。1871 年 10 月 8 日，一场森林大火席卷了威斯康星州东北部的格林贝湾两岸，总共有 1 000 余人丧生。据大多数目击者说：那场大火伴有强烈的大风，有大量树木被风扭弯，甚至连根拔起，车库及其他建筑物的屋顶被掀开；风卷着火舌，形成龙卷样的旋涡，并发出龙卷到来前的呼啸声。人们把它称作“火龙卷”（见图 11－12）。据分析，火龙卷源于大火引起的一系列涡旋，其强度从尘卷风那样的小旋涡，到强烈的龙卷风扰动。这种涡旋兼有风暴性大火和森林大火。其特征是火中心上空有强烈的上升气流和很强的地面旋风。不过，大多数的火龙卷是不移动的，这是因为中心温度太高，压强很小，相对而言四周温度很低，由于压差过大，可以近似理解为均匀对称，而平均气流是不会自低压向高压移动的，这样火龙卷一般就固定不动了。

尘卷风的成因和一些基本特征虽已被揭示，但对于这一领域

图 11－12　大火引起的火龙卷
（图片来源：http://hi. baidu. com/）

的学者而言，仍有诸多的问题值得探究，而且对尘卷的直接测量是不太容易的，因为很难事先确定它发生的准确地点和时间，往往会“梦里寻她千百度，那人却在灯火阑珊处”。而且，即使幸运地捕捉到它，测量仪器的大小是否会干扰它，它那强大的电场和众多沙粒是否又会导致测量仪器失灵或失真？尘卷风的存在也将使火星探测任务变得更加复杂。另外，即便人们已经认识到尘卷仅仅是自然界普遍存在的一种自然现象，不必大惊小怪，但如果是较大的尘卷风，它的高速旋转也可能是一种“暗器”，对人类的生命安全构成一定程度的威胁，因此奉劝大家还是远观其自生自灭，而不亲密接触为好！

参考文献

[1]　郭世綖．“大漠孤烟直”中“孤烟”新解[J]．石河子大学学报（哲学社会科学版），2001，1(1)：1－4.

[2] Sinclair P C. Some preliminary dust devil measurement [J]. Mon. Wea. Rew., 1964, 92: 363 - 367.

[3] Huang N, Yue G W, Zheng X J. Numerical simulations of a dust devil and the electric field in it[J]. J. Geophys Res., 2008, 113: D20203.

[4] Murphy J R, Steven Nelli. Mars Pathfinder convective vortices: Frequency of occurrence[J]. Geophysical Research Letters, 2002, 29 (23): 2103, doi: 10. 1029/2002GL 015214.

[5] Farrell W M, Smith P H, Delory G T. Electric and magnetic signatures of dust devils from the 2000 - 2001 MATADOR desert tests[J]. J. Geophys. Res., 2004, 109: E03004 1 - 13.

大众力学丛书

12 Chapter 波浪滚滚的风沙流

尽管风沙流不像沙尘暴那么气势磅礴，但它几乎是无处不在，无时不在，不仅发生在沙漠腹地，也发生在农田和城区。您可能会想到唐代诗人岑参的《走马川行奉送出师西征》诗中的场面："君不见走马川，雪海边，平沙莽莽黄入天。轮台九月风夜吼，一川碎石大如斗，随风满地石乱走。"——那是我国西北荒漠的风沙流，壮观而雄浑。您也可看看图 12－1 的情景——这是海边的风沙流，细腻而缠绵。

仔细观察一下您会发现，当风力超过沙质地表的起动风速时，地表面的沙粒就开始活跃起来。一颗颗沙粒从地面起跳，在空中飞行一段距离后重新落回地面，并激溅起更多的沙粒。不一会儿，近地面就会腾起一层云状沙层，这就是风沙流，也称之为"跃移云"。风沙流是含有沙粒的运动气流(见图 12－1)，它既是大量沙粒跃移时的宏观景象，也是造成沙割、沙埋、铸就风成地貌的"鬼斧神工"，或许还是沙尘暴的前奏……总之，它是当前风沙运动理论研究与防沙工程实践的重要课题之一。

目前，对风沙流宏观特征的研究主要集中在两个基本物理量上：一是风沙流的结构——气流中的沙粒浓度沿地表高度的分布；二是单宽输沙率——单位时间、单位宽度内通过的沙粒总质量。这两个物理量是防沙治沙工程设计的依据，也是风蚀预报和沙尘数值预报的关键参数。那么，如何确定这两个表征量呢？

图 12－1　野外拍摄的海岸风沙流[1]

首先，当然是测量。尽管可以在风蚀风洞中对风沙流进行测量，但由于存在风洞与野外实际风沙流的相似性问题，因此更多的还是对野外风沙流的观测。与第四章介绍的针对高空浮尘的测量不同的是，对风沙流的测量更关注地表 2 m 或更低高度以下的沙粒浓度及结构特征。相关的测量仪器分为静态和动态两种。静态集沙仪是对某一高度的沙粒进行较长时间收集后，得到输沙率平均值。这类集沙仪与第五章介绍的风洞用集沙仪的最显著的不同在于要考虑野外风向的变化（风洞中由于可控性强，风向是单一的）。为此，通常要设置风向导板，以保证集沙盒的入口能对准风向。风向导板通常位于集沙盒后部或与集沙盒做成一体，而集沙盒尽量做成流线形，大多是“前小后大”，以减少对来流风的干扰。当挟沙气流由进沙口进入集沙盒内以后，随着集沙盒横截面积的迅速扩大，根据流体力学的伯努利原理，进入盒内的风速急剧减小，致使气流中所挟带的沙粒沉积在盒的底部。集沙盒上部或后方配有网状通风孔将净风导出。取下集沙盒，称量其内的沙粒重量并除以收集的总时间，即可得到该高度单位时间内通过的沙量。将多个集沙盒按不同高度安装在立柱上（见图 12－2），这样不仅可以得到风沙流强度（或浓度）沿高度的分布——风沙流结构，而且沿高度积分就可以得到这一条件下的单宽输沙率。

图 12-2　野外测量用的集沙仪

从上世纪 90 年代起，人们开始关注风沙流的动态特性，研制了针对湍流脉动性的风沙流高频采样器，主要有颗粒冲击式传感器和称重式传感器两种。以压电式动能传感器(见图 12-3)为例，原理是由一个压电晶体来反应跃移颗粒的冲击。通过输出跃移沙粒冲击后的脉冲信号确定跃移强度(称之为输沙强度)，进而得到风沙流强度的变化规律。称重式传感器是利用测力元件或电子天平对集沙仪收集到的风蚀物进行实时称重，测量质量分辨率可达 0.1 g，时间频率可达 1 Hz。但是，当需要进行高频测量时，由于沙粒在集沙仪和被称重漏斗中的运动时间、测力传感器上的风载荷、缓慢的传感器元件响应、质量滞后以及传感器元件的共振等多种作用，会影响数据的精度和可靠性。

图 12-3　压电式动能传感器 SENSIT[2]

上面介绍的这些野外测量，无论是静态的还是动态的，都只是针对单一物理量进行的。而实际上，风沙流不仅随时间和空间变化，而且还受多种因素，如风速、温度和湿度等的影响。因此，实时同步的多点观测，不仅对于全面理解和认识风沙流是必要的，而且对于检验理论模型可靠性也是必需的。所以，近年来发展了一些近地层风沙运动的实时动态观测系统，图 12 –4 就是郑晓静研究组在甘肃民勤地区布置的全方位同步实时高频动态测量系统，其中包括测量风速用的频率为 1 Hz 的风杯式测速仪，近地层的温度、湿度探头，跃移瞬时冲击式传感器，连续称重式的风蚀物测量仪器。

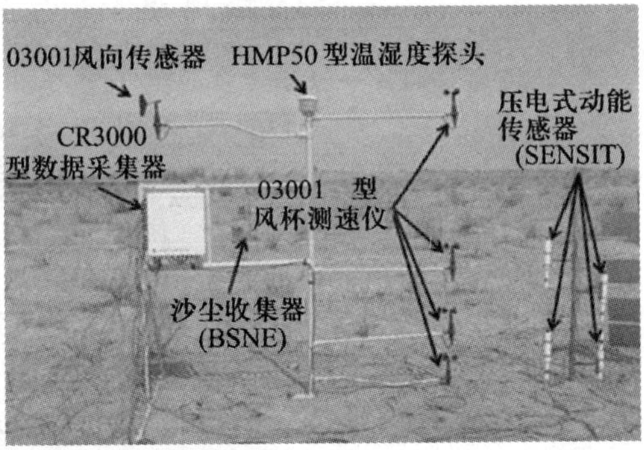

图 12 –4　野外观测系统

通过风洞实验或野外观测，人们发现[3]沙粒的跃移运动在风沙流中占主导地位，且主要发生在离地表 2 m 的高度内。0 cm ~ 5 cm 内搬运的沙物质占总搬运量的 60% ~80%，绝大部分(90%以上)气流搬运的沙量是在离地表 30 cm 以内的高度内通过的。由此可见，当固沙的沙障尺寸露出地表 20 cm ~30 cm 时，一般就可以收到良好的效果。另外，动态实时测量的实验还发现，风沙流表现出明显的间歇性，而且在空间上也呈现出宽度约 0. 2 m、间距约 1. 1 m、高度约 0. 03 m ~0. 07 m 左右的条带结构，条带变化的时间尺度约为 1 s。这可能是由于近地面的湍流大涡结构(拟序结构,详见第三章)引起的。

值得指出的是，由于研究区域下垫面状况及气流性质和测量方法的不同，野外观测和风洞实验得到的输沙率结果呈现出较大的差异。不同学者给出的输沙率经验公式已有几十种之多，在某些情况下，不同公式对同一风沙环境条件下的输沙率预测值可相差好几倍。不仅如此，人们还发现，风沙流会打磨植物茎秆，俗称“沙割”，最严重的部位是在离地表的一定高度处。如果按观测得到的输沙率随高度指数衰减的规律，是很难解释为什么打磨最严重的部位不在风沙流浓度最大处，也就是植物贴近地表的根部，而在高出地表的某一高度处。因此，通过实现对近地表风沙运动的理论模拟来揭示影响风沙流形成和发展过程的主要因素和定量规律成为风沙运动研究的一个重要方面。

那么，如何从理论建模的角度来模拟和预测风沙流呢？这里首先需要介绍一下流体力学中描述流体运动的两种方法。一种是拉格朗日法：这种方法的实质是试图弄清楚流体中每个质点或流体微团的运动——位置随时间变化的规律。显然，如果我们对每个流体质点的运动都了如指掌，则流体的整体运动也就逃不出我们的手心了。由于流体的易变形性，所有流体质点之间均可发生规律不同的相对运动，如果想用一套方程就能描述所有流体质点的运动将会非常复杂，以致无法求解，但拉格朗日观点仍经常被应用，例如：流体数值模拟方法中的格子 - 玻尔兹曼方法以及光滑粒子流体动力学等，其原理就是把流体也模拟成粒子的运动。另一种是欧拉法，这种方法的实质是试图弄清楚空间位置的任意一点上的每一时刻的流体的流动状况。显然，流体中的任一质点或流体微团在运动过程中势必会经过空间位置上的某一点，那么，如果空间每一点上的流动情况都知道了的话，该质点或微团在流动过程中经过不同空间位置时的运动也就清楚了。目前已经根据此方法建立了描述流体运动的纳维 - 斯托克斯方程。所以，这两种方法是殊途同归的。

可是，在风沙流中不仅有具有明显湍流特性的气流，还有众多各自特立独行的沙粒。对这种典型的气固两相流，从何处入手进行建模呢？通常又有两类方法。一类是把众多的沙粒整体当作流体对待的欧拉－欧拉双流体模型，流体相与颗粒相的两套形式相近的方程组犹如双胞胎兄弟，你中有我、我中有你地体现二者的相互作用，这显然是借鉴连续介质的理论将宏观上离散的颗粒相处理成连续相了。另一类是采用欧拉－拉格朗日结合的方法，对流体采用欧拉法建立的纳维－斯托克斯方程，对沙粒通过受力分析，采用牛顿运动第二定律建立沙粒运动方程。前者的优点是方程的形式统一，便于应用微积分的方法和计算流体力学的研究成果。但是，如何确定颗粒相的黏性系数，如何处理造成颗粒脉动的湍流脉动与湍流应力之间的关系，颗粒相的壁面边界条件是否可以参照流体边界条件的提法等问题，目前还没有很好解决的办法，更何况颗粒相本身并不满足连续介质的基本前提。因此，目前还少有采用欧拉－欧拉型模型给出的风沙流结果。这里着重介绍欧拉－拉格朗日方法。

最早采用欧拉－拉格朗日方法对风沙运动进行理论建模分析的是英国科学家欧文（Owen P. R）。在 20 世纪 60 年代，当时的主要动机是为了分析火星等其他星球上的风沙运动。欧文等采用一维风场，沙粒以相同的速度起跳。这一模型不能反映出风沙流发展的实际过程，与实测结果相差较远。但从此，人们就开始了从单颗粒沙粒运动向描述宏观风沙流整体运动的研究，这种“过渡”——时空尺度的跨越——涉及众多沙粒运动的统计规律的分析。在之后的模型中，逐渐考虑了沙粒与床面碰撞的统计规律，也就是第七章谈到的沙粒起跳速度分布和激溅函数。另外，除了风速影响沙粒的运动外，众多沙粒的运动也会影响风速，加之还有热对流和风沙电场。

因此，在郑晓静研究组所建立的风沙流演化过程预测模型中，考虑了在风场、热对流和风沙电场相互耦合作用下：（1）沙粒的流体起动——指当来流风速超过沙质地表的临界起动风速之后引起的沙粒的起动；(2)沙粒在空中的飞行；(3)击溅过程——跃移沙粒与地表的碰撞反弹并溅起其他沙粒；(4)沙粒对流场的修正。考虑到这四个子过程，给出了对风沙流起动到达到饱和的整个演化过程的定量模拟。模拟结果(见图12－5a)表明：风沙流的演化过程是一个在起动之后输沙率迅速增加、达到最大值后减小(overshoot现象)、然后最终饱和(亦即此时跃起的沙粒和沉积的沙粒大约相等,平均来说,每秒从单位面积地表起跳的沙粒约在10^5～10^7量级,主要取决于气流条件,即风速的大小)的过程。这一过程大约需要2 s～3 s。在给定风速下，风沙电场和热对流等对输沙率的量级以及达到平衡的时间都有明显影响。饱和后输沙率沿高度的分布具有分层特点(见图12－5b)，即沿高度先增大后减少，在大约10 mm～30 mm高度其值最大。这也就很好地体现了前面所述的“沙割”现象。

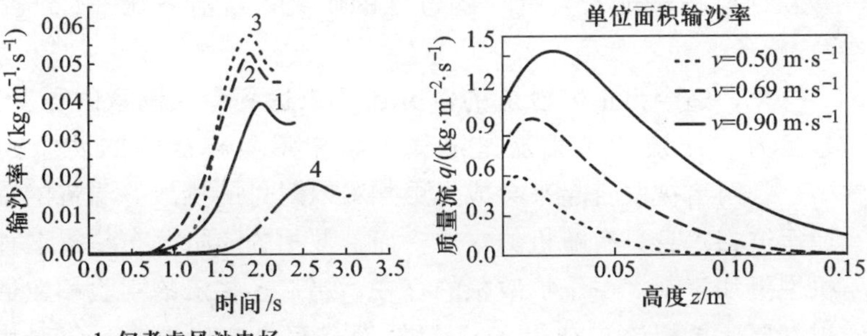

1.仅考虑风沙电场
2.实验结果
3.考虑风沙电场和热效应
4.不考虑风沙电场

(a) 随时间的变化[4]

v为摩阻风速

(b) 沿高度的变化

图12－5　输沙率变化

值得注意的是，无论是上面介绍的欧文模型还是郑晓静研究组的工作，对风场的处理都只是沿高度分布的、采用充分发展的混合长模型，换句话说是平稳的一维来流风场，湍流项的处理只与速度梯度有关。而事实上，即使是在平稳来流的作用下，若雷诺数较高，流场本身沿高度甚至沿侧向也都是有变化的。这时需要将对风场的描述扩展到三维或者二维情形，同时，原先采用的混合长模型就远远不能反映野外剪切湍流和热力湍流同时作用于大气边界层的情况，需要更精确的湍流模型。例如采用 $\kappa-\varepsilon$ 模型或者大涡模型甚至是直接数值模拟(DNS)等。但是这样一来，计算风场时的网格划分和计算沙粒运动的时间步长就要更精细，这就受到计算机计算能力的限制。因此，近年来又提出了一些新的模拟方法，如双拉格朗日方法，其原理就是把流体的模拟也当作粒子的运动，这样就将风场和沙粒同时计算。但是整个计算要处理大量粒子之间的碰撞，势必会导致计算量的激增。至于对非平稳来流作用下风沙流演化过程的模拟[5]，困难就更多了。首先要解决野外微尺度大气边界层湍流场的准确模拟，还有大量沙粒的跟踪模拟，以及结合三维的激溅函数等。另外，对大量沙尘粒子“从地面扬起进入大气”的过程的研究，目前还几乎是一个空白。

总之，迄今为止风沙流的研究还远未达到令人满意的程度。这是因为“湍流和多相流是流体力学中最具挑战性的两个问题……，两者被联合起来会成为更加难以对付的挑战。湍流的存在使得流相本身具有随机的本质，而扩散相的随机分布使得这种随机性更加复杂。由于扩散相的存在，湍流多相流的实验和数值模拟都要比单相流复杂得多。”[6]然而，解决这一问题不仅对更好地认识风沙流、预测地球上乃至其他星球上的风沙流、提高沙尘暴模式预报的准确度、优化防沙治沙工程结构等非常必要，而且对流体力学的发展、对解决诸如多尺度、多场耦合和湍流等科学共性问题的定量分析也是十分重要的。看来力学工作者们“任重道远”呀！

参考文献

[1] Baas A CW. Challenges in aeolian geomorphology: Investigating aeolian streamers [J]. Geomorphology, 2008, 93: 3-16.

[2] Bauer B O, Namikas S L. Design and field test of a continuously-weighing, tipping-bucket assembly for aeolian sand traps [J]. Earth Surf. Process. Landforms, 1998, 23: 1171-1183.

[3] 吴正. 风沙地貌学[M]. 北京: 科学出版社, 1987.

[4] Zheng X J. Mechanics of Wind-blown Sand Movement [M]. German: Springer, 2009.

[5] Spies P J, McEwan I K. One-dimensional transition behaviour in saltation [J]. Earth Surface Processes and Landforms, 2000, 25: 505-518.

[6] Balachandar S, Eaton J K. Turbulent Dispersed Multiphase Flow [J]. Annu. Rev. Fluid Mech., 2010, 42: 111-133.

13 Chapter

一支打不垮的自组织队伍
——沙波纹

先请您看一下在兰州大学多功能环境风洞中进行的实验吧(图 13－1)！实验首先在风洞的底板上用取自巴丹吉林沙漠的沙丘沙铺设成初始平坦床面(图 13－1a)，然后用风机产生 12 m/s(轴线风速)的平稳风速，约 2 min 后，您会发现，床面开始分化，形成了微小的凹凸起伏(图 13－1b)，约 7 min 后，床面的微小起伏逐渐形成了特征明显的波纹，随后波纹与波纹之间发生合并且出现明显的“Y”形接头(图 13－1c)，约 10～15 min 后，“Y”形接头的数量减少(图 13－1d)，波纹的形态基本不变，即达到饱和，并保持其形态沿顺风向移动。这种图案就是沙波纹！而这一切，都是基于这些微米量级的沙粒在风力作用下按各自轨道进行的无序运动，是一种自组织行为！

您千万别以为这些沙粒只有这一种神奇本领，它还有“抗拒”人为破坏的本事呢！不信您试试。当您将整体图案的一部分抹平时，只要您耐心观察就会看到，在风力作用下沙波纹会慢慢的自动修复。这就是沙波纹的自修复特性。看到这些，您还会认为它们是“一盘散沙”吗？不！它们是一支打不垮的自组织

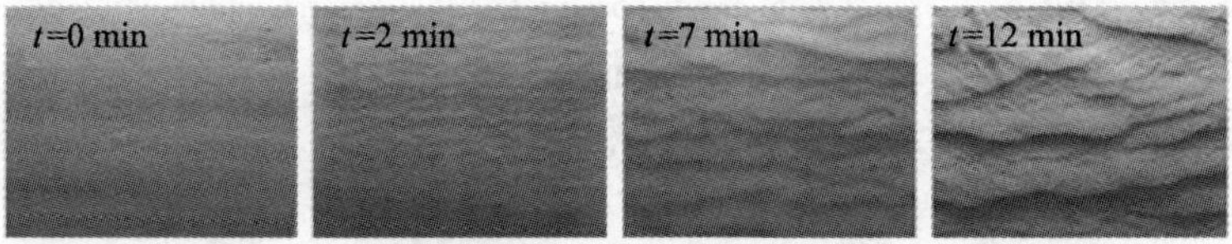

(a) 初始平坦床面　(b) 床面分化　(c) 波纹生长　(d) 波纹饱和

图 13－1　沙波纹演化的分化－生长－饱和三阶段
（摄于兰州大学多功能环境风洞）

队伍！

细心寻觅你会发现，无论是在沙漠中的平坦沙床上，还是在沙丘迎风坡面上，都会找到这支队伍(图 13－2)，只是“番号”——沙波纹的形态和“编制”——沙波纹的尺度不同而已！它们有的像莲藕排列，有的像人参摆放，有的似月牙般婀娜，有的似蛇般蜿蜒，还有的呈现出复杂重叠的网状(图 13－2)，一条又一条，一道又一道，一垄又一垄，一塄又一塄，皆紧密均匀地布排，华丽而典雅，可谓形态万千。作为一支会自行布阵的队伍，它们的阵势和阵法比起诸葛亮的“八卦阵”更为变幻莫测！

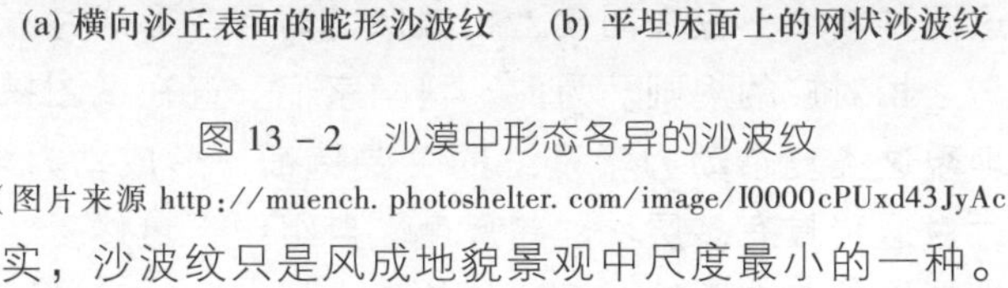

(a) 横向沙丘表面的蛇形沙波纹　(b) 平坦床面上的网状沙波纹

图 13－2　沙漠中形态各异的沙波纹
（图片来源 http://muench.photoshelter.com/image/I0000cPUxd43JyAc）

其实，沙波纹只是风成地貌景观中尺度最小的一种。单个沙波纹剖面形态具有明显非对称性(图 13－3)。它的迎风坡长而略凸起，坡角在 8°～15°之间；背风坡短而微凹，在峰顶背风坡角较大，接近沙粒的休止角，约 30°，底部坡角略小，约 20°左右。

沙波纹的波长一般在 7.5 cm ~ 15 cm 之间，波高一般在 0.5 cm ~ 1.0 cm 之间。若将沙波纹横断面看成三角形，则可利用两个参数来表征沙波纹的波状形态特征。一个参数为“三角形”的底边和高的比值，即沙波纹指数 $RI = L/h$，用以表征沙波纹的起伏程度：沙波纹指数越大，起伏程度越小，反之则越大。另一个参数为“三角形”的两条腰在底边投影的比值，即沙波纹的对称指数 $RS = i/s$，i 和 s 分别为沙波纹迎风坡和背风坡的投影长度，用以表征沙波纹迎风坡和背风坡的对称程度：对称指数越接近 1 则说明该沙波纹迎风坡与背风坡越对称。不同地区沙漠中的沙波纹的这两个参数的取值略有不同，如：中国巴丹吉林沙漠中测得的平均沙波纹指数约为 15($9 \leqslant RI \leqslant 22$)，平均对称指数约为 1.8；而美国莫哈维沙漠 Kelso 沙丘中的平均沙波纹指数约为 18[1]，这主要与沙漠地区沙粒的平均粒径有关。

图 13－3　单个沙波纹的剖面非对称形态

除了在沙漠中常见到的风成沙纹外，河床泥沙在水流作用下也会形成波纹状结构(图 13－4b)。同样，科学家们还发现，晶体的表面在离子喷溅的作用下也会形成波纹结构(图 13－4c)。令人惊奇的是，虽然晶体表面的波纹和沙波纹在尺度上相差许多，但这两种波纹不仅在图案上相类似，而且在形成过程和移动上都有与之相对应的规则。为此，科学家们一直在试图揭示和再现风成地貌这类复杂动力学系统的主要特征、形成动力学过程。希望通过对这种具有多层次、跨尺度、自组织、自修复、临界性和非线性特性的复杂系统以及这种从无序到有序的发展过程的认识、理解和描述，来推进当今众多学科中具有普遍性的前沿基本问题的研究。

关于沙波纹的形成机理有很多种解释。有的学者认为沙波纹

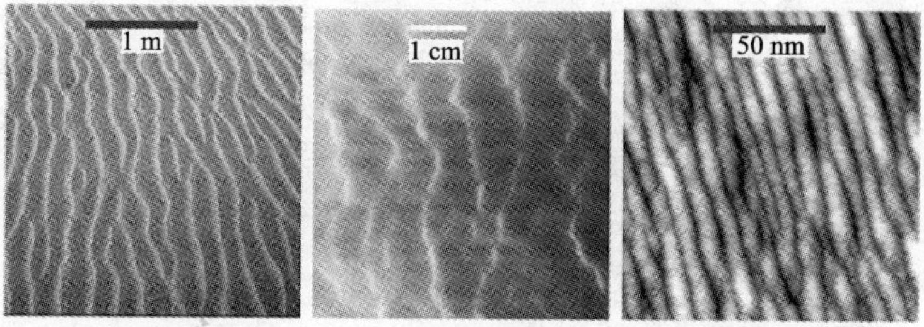

(a) 风成沙波纹　(b) 水下沙波[2]　(c) 银晶体表面波纹结构[3]

图 13－4　风成沙波纹、水下沙波与银晶体表面离子喷射形成的波纹结构的比较

是由于不同粒径的沙粒在运动中发生分离而形成的，以至于粗沙聚集在波峰，细沙集中到波谷；而有的学者则认为，沙波纹是由于大气边界层中的不稳定气流在沙床表面形成有规则的小尺度涡结构而形成的；还有的认为沙波纹是沙床表面两种密度不同的流体(沙粒流和气流)在交界面处出现的亥姆霍兹(Helmholtz)波。目前较为普遍接受的观点是由拜格诺提出的冲击说。他认为沙波纹主要是由跃移沙粒与沙床表面的碰撞形成的。具体来说，由于沙床表面的不平整性使得沙床洼坑迎风面受到跃移颗粒的冲击要比背风面强得多，这导致了沙床的洼坑进一步扩大。同时，在迎风面与下游平整床面交接处，从洼坑迁移出去的沙粒将发生聚集，由于这些颗粒移向下游的速度不如来自上游的快，因而在这个交接处的沙子逐渐堆积加高形成了第二个背风坡，这里受到的冲击较弱并且背风坡坡脚处外移的沙子多于进入的，这就形成了第二个洼坑。如此循环，不断沿风向延伸[4]。

尽管上述解释均在不同程度上定性给出了沙波纹形成和发展的机制，但它们大都无法与实验观测结果做定量的对应，且无法揭示沙波纹自组织、自修复等动力行为的力学机理。鉴于这种情况，郑晓静研究组提出了一种“离散粒子追踪法”，对风成沙波纹的发展过程实现了计算机定量模拟。这一方法基于第七章提到的颗粒碰撞的“软球模型”，通过考虑：(1)不同粒径的众多沙粒在沙床上方所形成的风沙流；(2)风沙流中沙粒对沙床的碰撞以及碰撞后沙粒的反弹或溅起过程；(3)沙粒在床面上方的跃移和在床面的蠕移，从而成功再现出几何形态、尺度与自然界中沙波纹定量上吻合的沙波纹及其形成过程和移动速度，并给出了沙波纹出现和消失的临界摩阻风速。

例如，对于摩阻风速 0.5 m/s、粒径 0.3 mm 的情况，利用“离散粒子追踪法”模拟得到的沙波纹波长 12.62 cm，波高 0.715 cm，而在相同摩阻风速下在巴丹吉林沙漠测量得到的波长 7.5 cm ~ 15 cm，波高 0.5cm ~ 1 cm，二者十分吻合。另外，通过混合粒径情况的模拟发现，不同于风成沙丘的“正粒序”结构(即沙丘迎风坡和两个丘臂的沙子比丘顶沙子的粒度要粗)，沙波纹具有“倒粒序”的沉积结构，即粗糙沙粒多聚集在沙波纹的顶部，而细沙粒则聚集在沙波纹的底部(彩图 13 – 5)。沙波纹的这种“倒粒序”结构主要是由于粗沙粒较难被风力搬迁而聚集在波峰的缘故。而沙丘的“正粒序”可能是由于较粗的沙子向迎风坡上方运动更为困难，而趋向于沿着最小阻力方向环绕沙丘底部偏转，或者沙丘底部较粗的沙粒可能是前积层下部沙子，随着沙丘迁移在迎风坡坡角重新出露的缘故[5]。

此外，计算机定量模拟还再现了沙波纹演化的分化 – 生长 – 饱和三个阶段和沙波纹的自修复过程(图 13 – 6 和图 13 – 7)。图 13 – 6a 展示的是平坦沙床的分化：在沙床面出现微小凸起的初期，沙波纹脊线的长度较短且不同(局部放大图见图 13 – 6b)；图 13 – 6c 展示的是沙波纹成长阶段：在小沙波纹的合并过程中，长短不同的沙波纹在其移动时发生相互连接，进而在沙波纹中形成 Y 形接头；图 13 – 6d 展示的是饱和后的沙波纹：在沙波纹向饱和状态发展的过程中，随着沙波纹的移动，Y 形断头会逐渐与上风向的沙波纹断开，而与下风向沙波纹连接。Y 形断头的这种移动也在一定程度上造成了沙波纹尺度的增大。然而，当沙波纹尺度达到饱和后，断头数量明显减少。

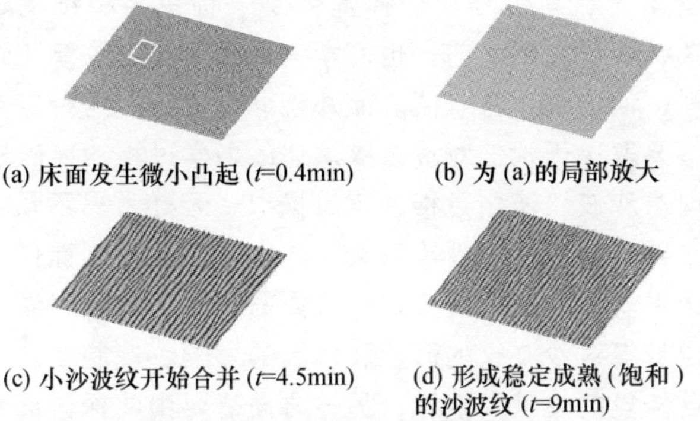

图 13－6　计算机模拟得到的沙波纹形成过程

再来看看定量模拟的沙波纹自修复过程。图 13－7a 是将模拟得到的饱和沙波纹中一部分抹平后的状态；图 13－7b 是在风场作用下，在抹平的沙波纹区域内生长出了新的沙波纹；图 13－7c 是被修复的沙波纹饱和与未被破坏的沙波纹相连，完好如初，痕迹全无。但细心观察会发现，修复区域的沙波纹 Y 形接头与原来区域(见图 13－7d)的相比，有所增加(见图 13－7c 和 13－7d 的白框处)。

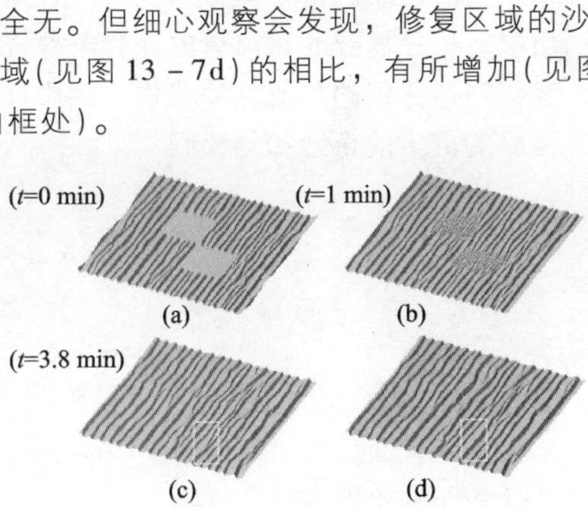

图 13－7　计算机模拟的沙波纹自修复行为

此时，您该感叹定量模拟的神奇了吧！是的，这种定量模拟的手段相比野外观测和风洞实验，为我们分析沙波纹的形成和发展过程以及揭示其机理和规律提供了一种更为精细的途径。其实，在郑晓静研究组之前，也有学者试图对沙波纹演化过程进行定量模拟，但均未如愿以偿。而郑晓静研究组的这种定量模拟的成功，主要取决于她们对沙波纹演化的力学过程的准确描述。

实现对沙波纹演化过程的定量模拟，无疑为揭示颗粒系统的自组织、自修复、临界性等复杂系统特征及其机制提供了很好的手段和结果。接下来的研究，一方面需要弄清楚地表温度和湿度以及沙粒带电对沙波纹的形成和发展的影响、控制沙波纹系统自组织、自修复的关键因素等；另一方面需要由此探讨离散动力系统的稳定性问题、复杂系统的自组织行为和临界条件控制的共性特征等。也许人们可以通过比较风成沙波纹和水下沙波纹的临界条件来控制河道淤沙的堆积，从而减少船舶被淤沙搁浅的事故。也许通过对沙波纹系统的研究可以发现一种塑造半导体或超导体晶体表面形态的方法，使其表面更有规则，更有利于控制电子的运动；也许可以利用沙波纹的自修复行为找到一种新的工业材料在局部受损的情况下，只需要通过简单的外界条件控制便能进行自修复……。我们期待你们的加盟，让我们一起由此起步，去揭示自然界和工程界的更多的奇妙和神秘吧！

参考文献

[1] Sharp R P. Wind ripples[J]. J. Geol., 1963, 71: 617–636.

[2] Langlois V, Valance A. Formation and evolution of current ripples on a flat sand bed under turbulent water flow

[J]. Eur. Phys. J. E, 2007, 22: 201 - 208.

[3] Aste T, Valbusa U. Ripples and Ripples; From Sandy Deserts to Ion-Sputtered Surfaces[J]. New Journal of Physics, 2005, 7: 122 - 145.

[4] Zheng X J. Mechanics of Wind-blown Sand Movement [M]. German: Springer, 2009.

[5] Wasson R J, Hyde R. Factors determining desert dune type[J]. Nature, 1983, 304: 337 - 339.

14 Chapter “上帝画下的曲线”与“三级跳”

您去过沙漠吗？如果没有，那就实在有些遗憾，因为神秘的沙漠具有一种独特的美！不信，就请先欣赏几张取自2005年《中国国家地理》“选美中国特辑”中的照片吧(见彩图14－1)，即：“上帝画下的曲线”，“大地的天体营”，“大漠的血脉”、“千年的守望”和“拽住流沙的脚步”。它们分别摄于巴丹吉林沙漠、塔克拉玛干沙漠、古尔班通古特沙漠、敦煌鸣沙山以及腾格里沙漠。正如席慕蓉在诗歌《瀚海》中所描述的：“*置身其中你只见平沙莽莽，四望无垠，再往北行则有沙丘如波浪层叠起伏，真的只有用浩瀚如海才能形容了*”。

在这浩瀚的沙海中，沙丘是它最主要的成员。科学家们按照沙丘形态走向与年起沙风合成风向的夹角将沙丘分类：横向类沙丘，几乎垂直(夹角在60°~90°)；纵向类沙丘，几乎平行(夹角小于30°)；其余的称为多风向沙丘。如图14－1a中巴丹吉林沙漠和图14－1e腾格里沙漠的沙丘为横向沙丘，图14－1c塔克拉玛干沙漠的沙丘为纵向沙丘，图14－1d鸣沙山月牙泉沙漠为星形沙丘。然而，这样的划分还不足以区分千姿百态的沙丘，于是科学家们进行了进一步的细分，将横向类沙丘分为新月形沙丘(见图 14 - 2a)和横向沙丘(见图 14 - 1a)及反向沙丘等，将纵向沙丘分为线性沙丘(见图 14 - 1b)和沙脊(见图 14 - 2c)，将多风向沙丘分为星形沙丘(见图 14 - 1d)和网状沙丘(见图14 - 2d)等。

横向类沙丘中最为简单的是新月形沙丘(见图 14 - 2a)，因其俯视构型宛如一轮新月而得名。在它的丘体两侧有顺风向延伸的两个翼，主导风风速愈强，两翼展开的程度或交角的角度愈小。丘体分别由一个平缓而凸起的迎风坡和一个较陡而微凹的背风坡组成，坡度分别在 5° ~ 20°之间和 28° ~ 34°之间，丘体高度通常在 3 m ~ 8 m 之间，很少超过 15 m。新月形沙丘通常形成于单一风向和沙源不足的沙漠边缘，当它偶遇零星的植被时，就会发展成半固定的抛物形沙丘(见图 14 - 2b)。

纵向沙丘中最为常见的是线性沙丘(见图 14 - 1d)，通常具有平直的脊线，有两个背风面。丘体延伸很长，一般为 10 ~ 20 km，最长可达 45 km；丘体高度通常为 50 ~ 80 m，宽度为 500 ~ 1 000 m，垄间低地宽达 400 ~ 600 m，其间散布一些低矮的沙垄和沙丘链，线性沙丘在纵长方向上表现为沙脊线波状起伏，在横剖面上不同部位变化颇大，前端具有明显的侧向迎风坡与背风坡；中部和后端坡面平缓而对称。

多风向沙丘则以星形沙丘最为常见(见图 14 - 1d)。星形沙丘是在多风向，且风力相差不大的情况下形成的沙丘。月牙泉背后的沙丘就是一个典型的星形沙丘。它通常有一个尖的顶，从尖顶向不同的方向延伸出三个或更多的狭窄的沙脊，每个沙脊都有一个发育很好的滑动面，坡度一般为 25° ~ 30°，丘体高大。在塔克拉玛干沙漠南部，一般高度在 50 ~ 100 m，也有高达百米以上的，多作零星的单个分布。

如同海洋中的波涛一样，“沙海”中的沙丘，即便体积如此巨大，也是“后浪推前浪”般地不断移动着。野外观测表明，沙丘移动的方向随着起沙风风向的变化而变化，总的走向与起沙

(a) 新月形沙丘　(b) 抛物形沙丘

(c) 沙脊　(d) 格状沙丘

图 14－2　新月形沙丘和抛物形沙丘

风的年合成风向大体一致；沙丘移动的方式取决于风向及其变律，一般可分为前进式(常见于单一风向情形)、往复前进式(常见于两个相反主风向且风力大小不等的情形)、往复式(常见于两个相反主风向且风力大小相等的情形)三种方式。为了确切地知道沙丘移动的速度，人们往往通过对同一地区连续几年拍摄的航拍图片的测绘图进行比较。随着卫星遥感技术的发展，航拍图同全球定位系统(GPS)相结合，为沙丘移动的测量提供了更为精确的手段[1]。已有的测量主要针对新月形沙丘。测量结果表明，新月形沙丘的移动速度通常与沙丘高度成负指数关系。例如：一个 3 m 高的新月形沙丘每年大约沿主风向方向能移动 15～60 m，而一个 15 m 高的新月形沙丘每年大约移动 4～15 m 左右。

一般来说，沙丘在移动过程中，其形态是基本保持不变的，特别是新月形沙丘。但是，有时也例外。如线性沙丘的移动是以沿沙丘脊线延伸为主，在延伸过程中由于风力的季节性交替作用，沙丘的脊线会逐渐发展成马鞍形。

沙尘暴的频繁发生会加速沙丘的移动乃至荒漠化边缘的扩展。例如，郑晓静研究组对位于甘肃民勤地区巴丹吉林沙漠边缘的新月形沙丘的测量结果显示，沙尘暴频繁发生期间(如2009年12月~2010年5月)，沙丘的移动距离比平常(如2009年2月—11月)明显加大(见图14-3)。

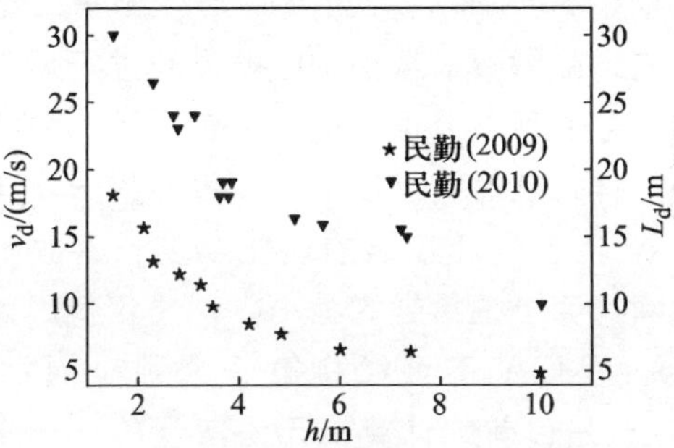

图14-3　新月形沙丘移动距离的野外观测结果

那么，沙丘是如何移动的呢？您千万别以为它们是在整体移动，沙丘的移动是由于沙丘迎风坡上的沙粒被吹扬、搬运，然后在背风面沉积的结果。由此可见，沙漠中的沙粒不仅在形成沙波纹时有着很强的“纪律性”——自组织行为，而且对于如此巨大的沙丘，它们也是。尽管各自按自己的轨迹运动，但整体构型却保持不变，就如同沙丘在整体移动一样。

然而，尽管通过野外观测可以得到某几个沙丘的发育和移动，但所得到的毕竟是局部的和某段时间内的情况，难以得到大范围沙丘场的整体发育和其中更多沙丘的移动情况。同样，通过大量的航拍(如果不惜时间和成本的话)或者卫星遥感图片，可以分析获得沙丘场的全貌和其中各个沙丘的移动，但是所得结果仍然是某段时间内的，难以得知沙丘场的发育过程，并预测它今后的发展。因此，为了重现沙丘场的演化、预测沙丘场在现有自然条件和实施了人为干扰(包括出于防治荒漠化目的的治理措施和出于发展经济的开发措施)后的发展，定量的数值模拟方法可能是一种值得尝试的途径。

可是，如何来定量模拟呢？这可不是一件简单易行的事！试想：沙丘是由一颗颗在风力作用下，经过跳起、以跳跃的形式沿着风向向前传输、落到地面或者反弹后进行前行、遇到地表障碍物沉积等一系列过程而形成的。沙丘的体积至少在 $10^4\ m^3$，而一颗沙粒的体积只是 $10^{-10}\ m^3$，如果我们用牛顿第二定律去追踪一颗颗沙粒的轨迹，就需要对至少 10^{14} 颗沙粒进行研究，更何况整个沙丘场面积在数百平方公里以上，所包含的沙粒数就将远远大于这个数字。同样，从时间尺度上看，沙粒的一次起跳和跃移时间一般不足 1 s，而整个沙丘场的演化至少长达数十年甚至数百年以上，在时间尺度上的跨越约为 10^9 s。"仅仅因为要耗费大量的时间和纸张，我们就不可能将每一个颗粒的初值代入方程中"[1]，所以这也是目前的计算机无法实现的。科学家将这种具有较大时空尺度跨越的问题称为多尺度问题，这是当前科学研究中的一个难点问题，而且这类问题不仅存在于对沙丘场的模拟中，在生物、物理和工程等研究领域也广泛存在。"很多的科学和工程问题包含了多个尺度，由于其尺度范围和变量的数目让人望而却步，即使我们用巨型计算机，传统的单一尺度方法也被证实是不够的。因此，我们越来越需要发展适合于多尺度问题的系统的模型和模拟方法"[2]。

近期，郑晓静研究组提出了一种类似于田径场上"三级跳远"的方法，称为沙丘场演化过程定量模拟的尺度耦合普适模型，简称为 CSCDUNE(Comprehensive Scale-Coupled Model of Dune Field)，解决了沙丘场演化过程的定量模拟问题(见图14－4)。简单地说，该方法的"第一跳"是根据沙粒与沙床的碰撞过程统计出风沙流床面沙粒起跳的初速度分布函数，从而可以实现风沙流的形成和发展过程的模拟，即从单颗沙粒的运动"跳"到风沙流的运动，这一过程要考虑局地风速随时间和空间的变化；"第二跳"是根据风沙流的性质，如输沙率、沙粒平均跃移时间和平均跃移长度等，统计得到“沙体元”的覆盖因子(或覆盖系数)，从而可以计算出一定时间、风速和粒径情况下被侵蚀“沙体元”的厚度，即从单颗沙粒尺度“跳”到“沙体元”尺度；“第三跳”是根据风沙流中沙粒平均跃移时间和长度，以及沙粒的沉积概率等，统计得到“沙体元”的传输因子，从而可以计算出一定时间、风速和粒径情况下被侵蚀“沙体元”沿风向的传输距离，即从单颗沙粒运动“跳”到“沙体元”运动，而且在这一过程中还需要考虑沙丘背风面的保护作用和背风面发生的崩塌行为。每一次跳跃实现的时间和空间尺度的跨越如图 14－4 所示。由此，很好地实现了从对一颗颗沙粒运动的分析到数百平方公里甚至更大范围的沙丘场从任意初始状况(包括平坦情况)形成和发展的长达数十年或数百年演化过程的定量模拟，解决了这一具有 $10^8 \sim 10^9$ 量级的空间和时间尺度跨越问题。

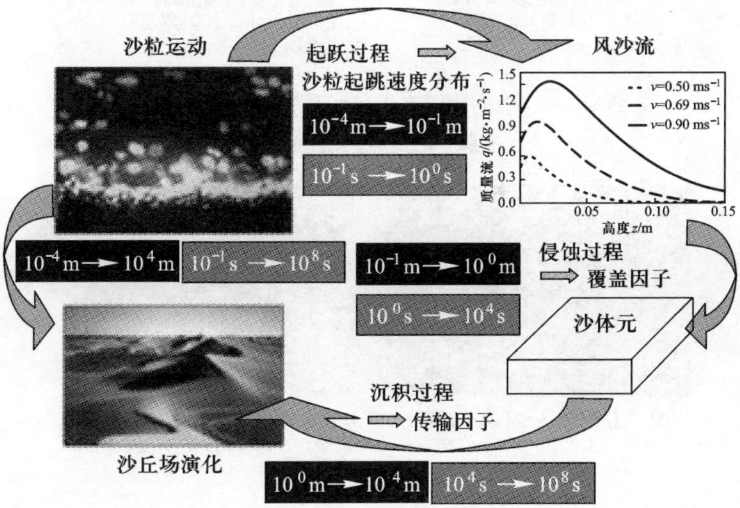

图 14－4　沙丘场模拟实现过程

利用上面提到的类似“三级跳远”的模拟方法模拟得到的在单一主风向作用下的新月形沙丘场(见图 14－5)和横向沙丘场

(见图 14－6)分别与摩洛哥地区和腾格里地区沙丘场的航拍图非常相似。同时，模拟得到的多个主风向作用下的沙丘场形态也与 Fryberger 和 Dean[3] 拍摄的比尔马沙漠的线性沙丘场、东部大沙漠的星形沙丘场和 Rubal Khali 沙漠的穹状沙丘场航拍图非常一致(见图 14－7)。不仅如此，沙丘移动速度随沙丘高度的变化规律(见图 14－8a)以及沙丘高度随沙源厚度的变化规律与野外观测结果[4,5]在定量上也比较吻合。

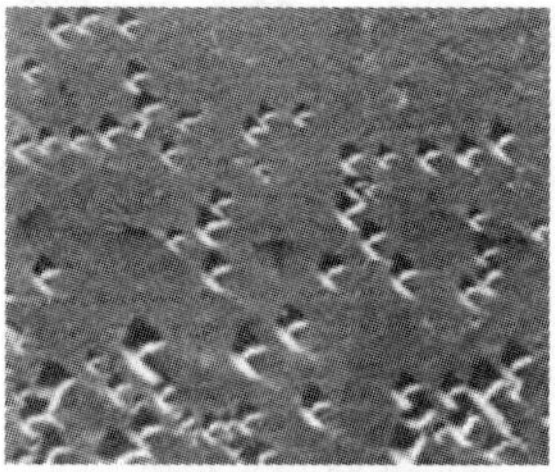

(a) 摩洛哥地区沙丘场航拍图 粒径：0.2~0.35mm[3]

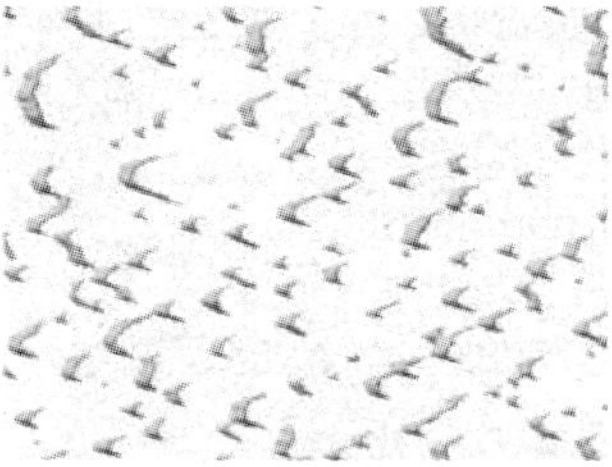

(b) 模拟结果(摩阻风速：0.5m/s，粒径：0.3mm，沙源厚度：0.8m，模拟面积 3km×3km)

图 14－5　郑晓静研究组模拟得到新月形沙丘场与实际沙丘场航拍图的比较

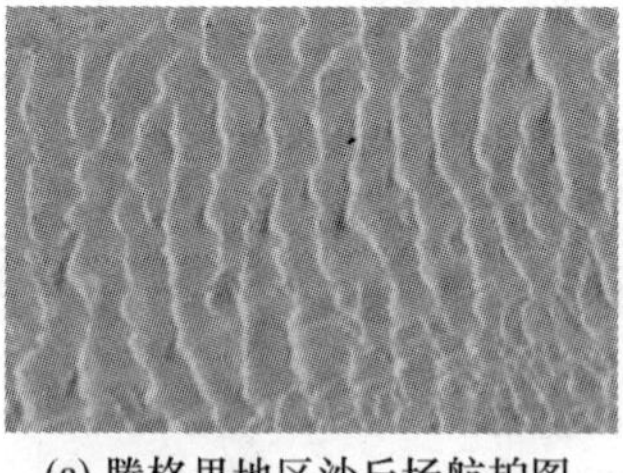

(a) 腾格里地区沙丘场航拍图 (粒径：0.35mm)

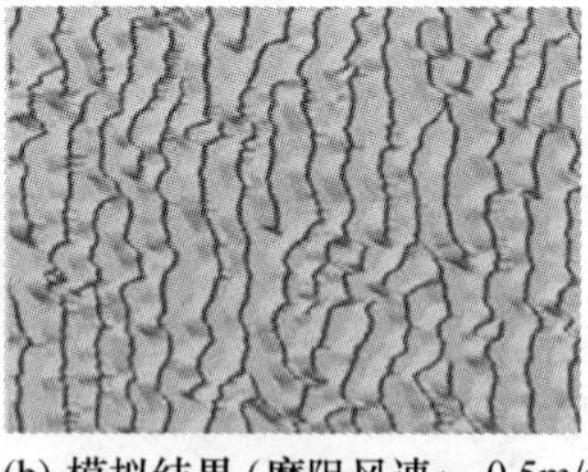

(b) 模拟结果(摩阻风速：0.5m/s，粒径：0.3mm，沙源厚度：4.0m，模拟面积 5km×5km)

图 14－6　郑晓静研究组模拟得到横向沙丘场与实际沙丘场航拍图的比较

同样，利用这种“三级跳远”的模拟方法还可以给出沙丘场的形成和发展过程(见图 14－9)。例如，在摩阻风速为 0.5 m/s、

(a) 模拟得到的线性沙丘场　(b) 模拟得到的星形沙丘场　(c) 模拟得到的穹状沙丘场

(a′) 线性沙丘场航拍图　(b′) 星形沙丘场航拍图　(c′) 穹状沙丘场航拍图

图 14－7　多个主风向情形时模拟得到的沙丘场形态与实际沙丘场航拍图[3]的比较

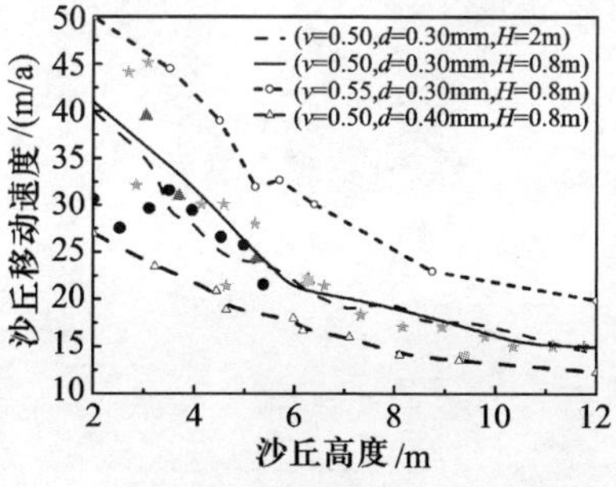

(a) 沙丘移动速度随沙丘高度的变化

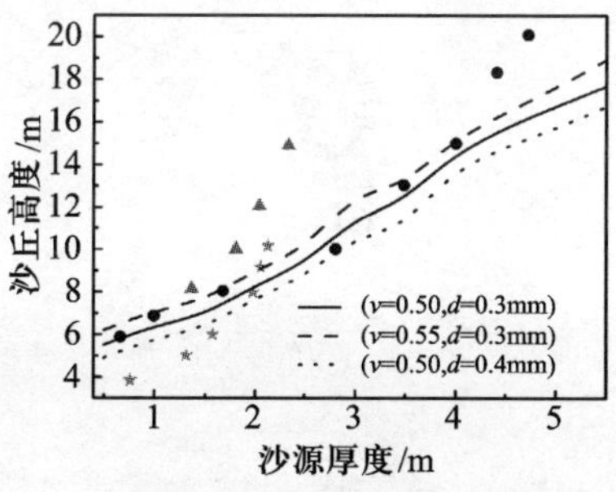

(b) 沙丘高度随沙源厚度的变化

图 14－8　郑晓静研究组的预测结果(实线和虚线)与野外观测结果(符号)的比较

v 为摩阻风速，*D* 为沙粒粒径，*H* 为沙源厚度

沙粒粒径为 0.3 mm、沙源厚度为 0.8 m 时对模拟区域为 3 km×3 km的沙丘场模拟后，发现在沙丘场发展初期，如第 2 年，平坦床面在风力作用下将形成大量形状不规则的小沙堆(见

图 14 -9a)，其中最大的沙堆高度只有 2.86 m；随着时间的推移和风力的持续作用，床面不断发生变化(见图 14 -9b)。在这个过程中，由于沙堆间的相互作用，沙堆的数量开始减少，尺度开始增加。在第 5 年，最大的沙堆高度已达到 4.21 m，并且开始有

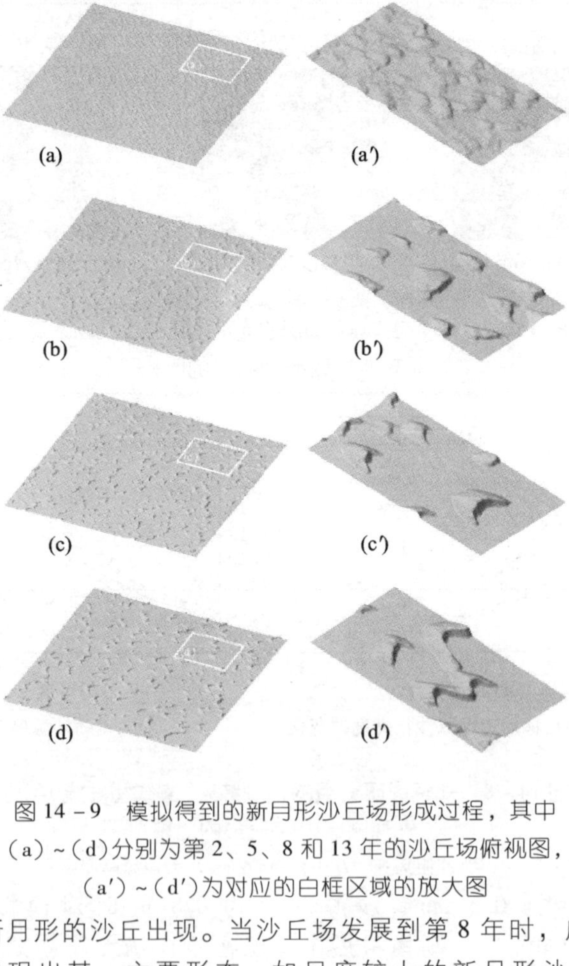

图 14 -9　模拟得到的新月形沙丘场形成过程，其中
(a)～(d)分别为第 2、5、8 和 13 年的沙丘场俯视图，
(a′)～(d′)为对应的白框区域的放大图

些类似新月形的沙丘出现。当沙丘场发展到第 8 年时，床面沙堆基本上呈现出某一主要形态，如尺度较大的新月形沙丘(见图 14 -9c)。此时最大的沙丘高度已达到 6.84 m。在此之后，尽管

沙丘场无论在形态上还是沙丘的尺度上都会继续发生变化，在第13年时，沙丘场开始出现一些由新月形沙丘组成的沙丘链(见图14-9d)，但是就单个沙丘而言，高度的增加速度开始减缓，在第13年时，最大新月形沙丘的高度仅为7.47 m。

除此之外，这种“三级跳远”模拟方法还揭示出沙丘场的沙源厚度对沙丘形态和沙丘场发展过程的明显影响。例如，在上述同样情况下，将沙源厚度改为3 m，模拟得到的沙丘场的沙丘形态就不再是新月形，而是横向沙丘了。这时，在沙丘场形成初期的第2年，沙丘场中就呈现出横向沙丘的雏形(见图14-10a)，

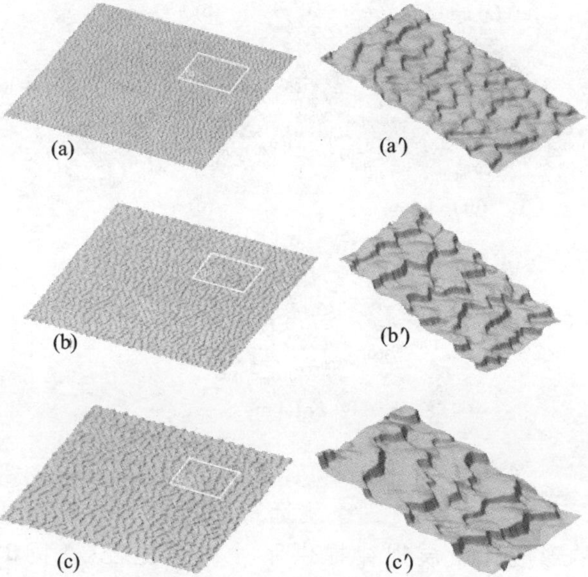

图14-10 模拟的横向沙丘场形成过程($v_* = 0.5$ m/s, $D = 0.3$ mm, $H = 3$ m, $S = 3\ 000$ m × 3 000 m)，(a)~(c)为第2年，5年和10年的沙丘场的全局俯视图，(a′)~(c′)为第2年，5年和10年的沙丘场的局部放大图

最大的沙丘高度为5.54 m；在随后的年份中，这种横向沙丘的

形态基本保持不变(见图 14－10b 和图 14－10c)，只是高度不断增加，最大的沙丘高度在第 5 年时为 6.69 m，在第 10 年时为 9.72 m。通过定量模拟可以得到沙丘形态发生转变的沙源厚度的临界值范围(见图 14－11)，如当来流剪切风速为 0.5 m/s，沙粒粒径为 0.3 mm 时，这个临界沙源厚度值大约为 1.1 m 左右。

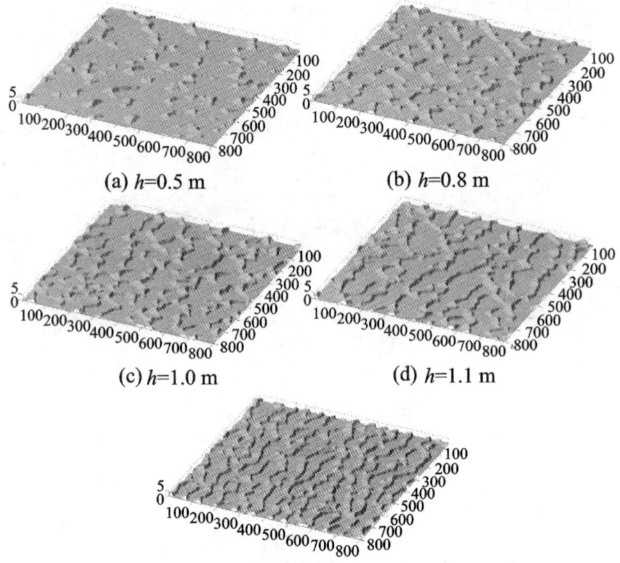

(a) h=0.5 m　(b) h=0.8 m

(c) h=1.0 m　(d) h=1.1 m

(e) h=1.4 m

图 14－11　不同沙源厚度情况下沙丘场形态

由此可见，这种“三级跳远”似的模拟方法为我们认识沙丘场的形成和发展规律提供了一种“捷径”。同时，我们还可以利用它一方面预测沙丘场边缘的扩展速度；另一方面分析在沙丘场的何处以何种方式布置一些什么样的固沙措施来使沙丘的移动速度减缓或停止不前。如果是这样，就可以避免沙漠化防治的盲目性，提高沙漠化防治的效率并降低成本。

由此，我们再设想一下：我们能否利用这种“三级跳远”

似的模拟方法，帮助我们找出一种可行的措施来改变沙丘移动的走向，让原本向绿洲方向移动的沙丘"自动地"回到它们的沙漠腹地去？如果能这样，那该是何等地令人激动不已的事呀！

参考文献

[1] Hastenrath S L, Madison W. The barchans of the Arequipa region, southern Peru[J]. Zeitschrift für Geomorphology, 1967, 11: 300 - 331.

[2] Bai Y L, Wang H Y, Xia M F, Ke F J. Statistical Mesomechanics of solid, liking coupled multiple space and time scales[J]. Appl. Mech. Rev., 2005, 58: 372 - 388.

[3] Fryberger S G, Dean G, McKee E D. Dune forms and wind regime. In: McKee E D ed. A Study of Global Sand Seas, Professional Paper 1052, US Geological Survey, Denver, 1979, 137 - 170.

[4] Wasson R J, Hyde R. Factors determining desert dune type[J]. Nature, 1983, 304: 337 - 339.

[5] Elbelrhiti H, Claudin P, Andreotti B. Field evidence for surface-wave induced instability of sand dunes[J]. Nature, 2005, 437: 720 - 723.

15 Chapter 浩瀚沙海中的“孤立波”

1834年的秋天，秋高气爽，苏格兰的一位优秀的造船工程师拉塞尔（John Scott Russell, 1808—1882，曾有译为罗素，图15－1）正在爱丁堡格拉斯运河（图15－2）中用两匹骏马牵引船舶进行全尺度的实验和观测，研究船舶在运动中所受到的阻力。突然，他看到一只在河道上迅速前进的船不知为何突然停了下来，而积聚在船头被船推动的一大股水浪却仍然在船头周围激烈地翻滚，随后就形成一个滚圆、光滑而又轮廓分明的大水包，高度约

图15－1　拉塞尔像

图15－2　爱丁堡格拉斯哥运河

为 0.3 m ~ 0.5 m，长约 10 m，以约 13 km/h 的速度离开船头沿着河面独自前行……。拉塞尔被这一奇特场面惊呆了，等他回过神来，立即跃上一匹马扬鞭向这个水包追去。他追了约 3 km ~ 4 km，直到这个水包在河道上渐渐地消失。他发现这个水包在行进中几乎保持其大小、形状和速度不变。直觉告诉他：这个水包绝不是普通的水波。因为普通的水波在由水面的上下振动形成后，约一半会低于水面，并在水流的阻力作用下能量衰减，很快消失。而这个水包却完全在水面上，能量的衰减也非常缓慢，简直如履平地[1]。同时，由于这个水包外形圆润光滑，因此它应该也不是一种激波。于是，拉塞尔将这种奇特的水包称为孤立波(the solitary wave)。

拉塞尔认为孤立波应该是流体力学的一个解，并试图找到这种解，但他没有成功，他所发现的孤立波现象也未能引起人们的注意。50 年后的 1895 年，数学家科尔特弗(Korteweg)和他的学生弗里斯(Vires)从数学上导出了一种后来被称之为 KdV 方程的浅水波方程，并给出了一个类似于拉塞尔孤立波的解析解，即孤立波解，孤立波的存在才得到普遍承认，并且还发展了对孤立波现象的计算机模拟。模拟结果发现，两个孤立波相互碰撞具有三个显著的特点：(1)碰撞前后保持高度不变，像是“透明地”穿过对方；(2)碰撞时发生重叠的高度低于碰撞前较高的那个孤立波的高度——不服从线性叠加原理——典型的非线性特征；(3)碰撞后孤立波的轨道与碰撞前略有偏离[2]。除此之外，孤立波似乎还具有质量的特征，它在外力作用下的运动服从牛顿第二定律，它们相互的碰撞也有可能会与物质粒子的弹性碰撞一样，遵守动量守恒和能量守恒。人们将这种碰撞前后保持原有速度和波形不变、具有弹性碰撞性质的孤立波称为孤立子，而将呈现非弹性碰撞的一类仍称为孤立波。

那么，浩瀚沙海中的沙丘又是如何移动的呢？显然，要亲眼看到沙海中沙丘的移动实属不易！于是，日本科学家 Endo 和

Taniguich 就将沙粒放置水槽中堆成沙堆，观测在单一方向的水流作用下沙丘间相互作用的过程，并在 2004 年发表了他们的观测结果[3]（见图 15－3）。他们发现水下新月形沙丘在移动中会出现相互“吞噬”的现象，即两个沙丘合并为一个沙丘。除此之外，水下沙丘中移速较快的顺流沙丘或者“骑”上移速较慢的顺流沙丘，会在沙丘的背风坡“衍生”出一个新的沙丘；或者似乎在与顺流沙丘发生接触前“劈开”顺流沙丘穿到他们的前面。前者这种类似小沙丘从大沙丘中穿过的现象被 Endo 和 Taniguich 称为水下沙丘的“类孤波”行为。然而，水沙与风沙毕竟不同，人们还是想知道在风力作用下沙丘到底如何移动。

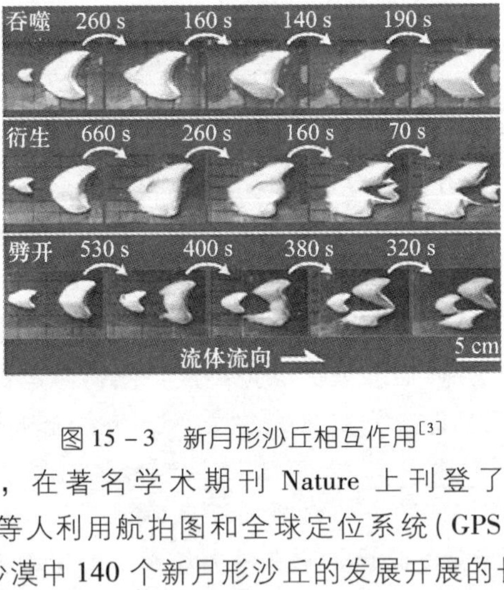

图 15－3　新月形沙丘相互作用[3]

2005 年，在著名学术期刊 Nature 上刊登了法国科学家 H. Elberlrhiti 等人利用航拍图和全球定位系统（GPS）对摩洛哥境内的撒哈拉沙漠中 140 个新月形沙丘的发展开展的长达三年的野外观测（见彩图 15－4）。从彩图 15－4a 中可以看到一座新月形沙丘，其中黄色箭头表示当前状态时的风向，而在此前的 15 个月和前 12 个月时的这座沙丘的位置和形态以及当时的风向分别用紫色和绿色的图案和箭头表示，由此可以看出风向变化对沙丘形态的影响。彩图 15－4b 中展示了一个中等尺度新月形沙丘的右丘臂处的表面波，而从彩图 15－4c 可以看到表面波处衍生出一个小沙丘。彩图 15－4d 是一个巨型的新月形沙丘，其上几乎布满了表面波。彩图 15－4f 和彩图 15－4g 分别给出了不同尺度的沙丘所发生的沙丘中心连线与风场方向一致的正碰和成一定角度的斜碰，并且当两个中尺度沙丘之间发生正碰时，两个沙丘会结合为一个大的新月形沙丘，并在尾部释放出许多小尺度的沙丘。彩图 15－4h 和彩图 15－4i 则分别展示了新月形沙丘即使不发生碰撞也会在其移动过程中从两个或单个沙丘臂处“衍生”出的新的沙丘。由 H. Elberlrhiti 等人的观测，我们可以知道，风场作用下的新月形沙丘有与水下沙丘类似的“吞噬”行为，和不同于水下沙丘的“衍生”行为。至于与水下沙丘类似的“类孤波”行为，一直未见报道。

于是，瑞典学者 Herman 等人[5]采用了一种连续跃移模型理论模拟了两个沙丘间的碰撞。他们先给定两个不同体积大小的圆锥形沙堆，并将来流风场和近地层风沙流分别处理为稳定不可压的边界层流动和类流体，在对相应的微分方程进行求解后，得到初始构型不同位置处的输沙率。然后由质量守恒方程对初始构型进行修正，这样就可得到与初始构型高度相当且形状与实际形状(如新月形)接近的沙丘(见图 15－5a)。继续模拟后，会出现两个沙丘在碰撞后的“吞噬”(见图 15－5a)或“衍生”(见图 15－5b)现象。如果模拟前所给出的两个沙堆的体积相差不大，则模拟得到的两个沙丘就会出现一个新月形沙丘保持其形态不变通过另一个沙丘的“类孤波”现象(见图 15－5c)。只是这时的两个沙丘的碰撞与两个孤立波相互碰撞所具有的三个显著的特点不同，即：(1)碰撞前后的大尺度沙丘的高度要比初始的大沙丘大，小尺度沙丘的高度要比初始的小沙丘尺度小；(2)碰撞时发生重叠的高度高于碰撞前较高的那个沙丘的高度；(3)碰撞后孤立波的轨道与碰撞前没有偏离。但是，这种模拟方法所能模拟的沙丘一般也就 2～3 个，而且事先给定的沙堆的尺度与最后所形成的沙丘的尺度大体相当，这样的模拟与实际沙丘场从形成到发展的整个演化过程还是不太一样，因此，也还难以就此给出实际沙丘场中存在“类孤波”形式的沙丘间的碰撞。

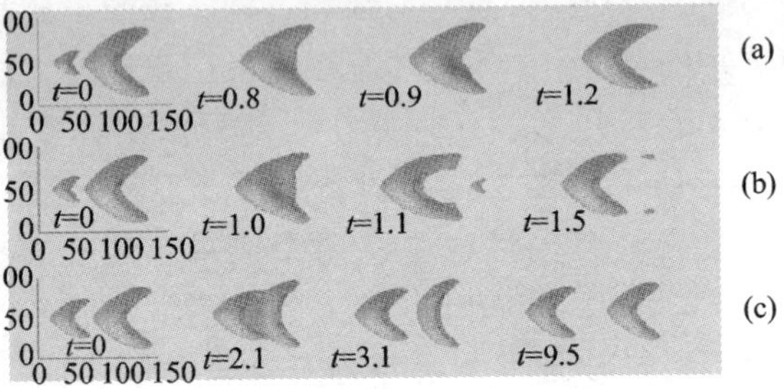

图 15 - 5　沙丘间的碰撞行为[5]

郑晓静研究组采用她们建立的类似“三级跳”的多尺度模拟方法，再现了数百平方公里范围内的沙丘场长达数百年的演化过程，生动并且全面展示出沙丘场中各类沙丘的动力学过程。对于新月形沙丘场，她们的模拟结果表明：(1) 新月形沙丘链是不稳定的——沙丘链在沙丘场的发展过程中会发生“变形”和“断裂”(见图 15 - 6)，即：在风场作用下沙丘链在移动的过程中，形态不断地发生变化，而且沙丘链还会发生断开，从而形成

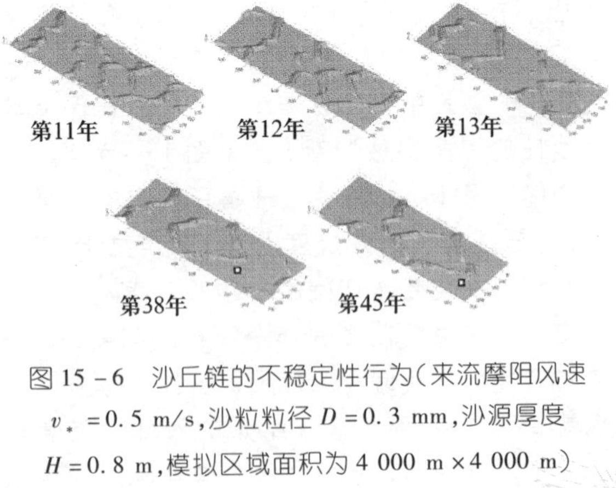

图 15 - 6　沙丘链的不稳定性行为(来流摩阻风速 $v_* = 0.5$ m/s,沙粒粒径 $D = 0.3$ mm,沙源厚度 $H = 0.8$ m,模拟区域面积为 4 000 m × 4 000 m)

新的沙丘；（2）沙丘间发生正碰后会表现出相互间的“吞噬”——移动速度较快的小沙丘（见图 15－7a 中用“◇”标出）在追赶上移动速度较慢的大沙丘（见图 15－7a 中用“△”标出）的过程中，于沙丘场形成的第 13 年发生碰撞，然后在第 17 年时合并为一个沙丘继续前行（见图 15－7b 中用“□”标出）。只是合并后的沙丘的高度大于碰撞前沙丘的高度，与两个孤立波的碰撞不同，碰撞后两个沙丘的尺度不发生变化；（3）沙丘间发生正碰后会出现与水下沙丘不同的“衍生”——移动速度较快的小沙丘在追赶上移动速度较慢的大沙丘的过程中，于沙丘场形成的第 7 年发生正碰，在第 11 年时合并为一个沙丘后（见图 15－8b 中用“☆”标出）于第 13 年在合并后的大沙丘的一个沙丘臂处释放出 1 个新的沙丘；（4）沙丘间发生正碰后会出现不同于水下沙丘的

(a) 追赶中（第 10 年）　(b) 正碰发生（第 13 年）　(c) 合二为一（第 17 年）

图 15－7　模拟结果展示出的沙丘间“吞噬”

（$v=0.5$ m/s，$D=0.3$ mm，$H=0.6$ m）

(a) 追赶中（第 7 年）　(b) 正碰发生（第 11 年）　(c)“衍生”（第 13 年）

图 15－8　模拟结果展示出的沙丘正碰后的“衍生”

（$v=0.5$ m/s，$D=0.3$ mm，$H=0.6$ m）

“类孤波”行为——移动速度较快的小沙丘在追赶上移动速度较

慢的大沙丘后，会从大沙丘的迎风坡处“吸取”沙粒，从而增大体积降低了移动速度，而大沙丘由于失去沙粒则减小体积提升了移动速度，这样原来在前面的大沙丘变成了小沙丘，就好像原来在后面的小沙丘“穿过”了前面的大沙丘。值得指出的是，当移动速度较快的小沙丘追赶上移动速度较慢的大沙丘时，小沙丘在移动过程中会从大沙丘的迎风坡获取沙粒，使得其尺度增大速度减小，而大沙丘由于失去沙粒尺度变小移动速度增大，两沙丘逐渐分离，就好像原来的小沙丘穿过大沙丘，这种行为与孤立波间的非弹性碰撞类似，所以称之为类孤波行为(图 15－9)。

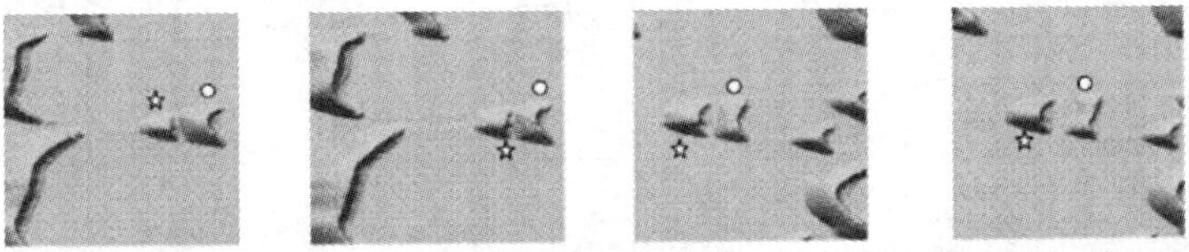

(a) 追赶中，第 11 年　(b) 沙量发生转移，第 12 年　(c) 分开，第 13 年　(d) 远离，第 14 年

图 15－9　模拟结果展示出的沙丘正碰后的“类孤波”行为
($v = 0.5$ m/s，$D = 0.3$ mm，$H = 0.6$ m)

那为何至今人们在野外观测中没有观测到沙丘间正碰后的这种“类孤波”现象呢？郑晓静研究组基于对不同情况下的沙丘场中所发生的“吞噬”、“衍生”和“类孤波”现象的概率的分析，认为：在所发生的这三种现象中，“吞噬”现象发生的比例最大，约 50%～70%；“衍生”现象次之，约 20%～40%；“类孤波”现象最小，一般小于 10%。而在沙丘场中的沙丘所发生的各种碰撞中，正碰所占的比例小于 20%，这样，“类孤波”现象发生的概率小于 2%。此外，这种“类孤波”现象通常出现在沙丘场发展过程的初期。这也就难怪“类孤波”现象很难被观察到了。

研究还发现，沙丘正碰后的现象与两个沙丘间的相对尺度有关。通过对不同比值(小沙丘高度与大沙丘高度的比值)碰撞过程分析发现：当两个沙丘间的尺度相差较小时，风成沙丘间的碰撞为非弹性碰撞过程，即类孤波行为；当两个沙丘间的尺度相差较大时，风成沙丘间的碰撞不具有孤波的行为。沙丘碰撞的规律与沙丘场的沙源厚度和粒径、风场的风速和风向以及沙丘场发展的时间都有关系，例如，三种碰撞行为随沙源厚度增大而减少，随粒径增大而增加，随着风速的增加先增大后减小；当沙丘走向与风向间的夹角较小时，沙丘正碰后也会出现“吞噬”、“衍生”和“类孤波”现象，但随着夹角的增大，出现“衍生”和“类孤波”现象的概率会明显减小；随着沙丘场演化时间的推移，新月形沙丘发生碰撞的次数，无论是正碰还是侧碰，都会随时间逐渐减少，同时沙源厚度增大，碰撞次数也明显减少，而沙源粒径的减小也使得碰撞次数略有减少。这些结果如果仅靠野外观测，恐怕很难得到，即使给出，所花费的人力和物力恐怕也非常可观！由此，您可能进一步感受到有效的理论建模模拟的优越性了吧！而这种理论建模的基础是离不开力学的！

让我们再回到本文开头所谈到的孤立波的研究吧！自20世纪60年代以来，有关孤立波或孤立子的研究有了突飞猛进的发展。除了在流体，还在固体物理、激光、电气工程、等离子体、生物学等领域都相继发现了孤立子的存在。在数学领域，逆散射方法[6]的提出与推广为求解孤立子演化方程提供了有力的数学工具。1972年夏天，在美国召开了一次长达3周半时间的孤立子学术讨论会，来自数学、力学、物理学、电气工程、生物学、地质、地球物理等十多个学科的学者聚集在一起，交流对孤立子研究的进展和经验。例如：在超导研究方面，约瑟夫森(Brian D. Josephson)效应中的磁通量子实际上就是孤立子。于是将孤立子的研究方法引入进来，现已促进在研发耗能特别小、速度特别快的新型计算机器件上有新进展；在生物学方面，发现了达维多夫(Davydov)孤立子，探讨了生物体蛋白质中孤立子的传播问题，为弄清肌肉收缩的机制提供了有力的途径。

孤立子在高科技方面最具代表性的成功应用是光纤孤立子通信——被普遍认为有希望成为超高速率和超长距离通信的重要手段。在光纤中的光孤立子(亦称光孤子)具有长距离传输损耗小、无需中继站，比特率(单位时间传输的信息量)高等优点。

由水中的孤立波，到沙丘的移动，再到在其他不同领域中不断发现的孤立波现象，这一切让人进一步体会到不同学科间的相互渗透和交叉以及相互借鉴——这也是当今科学发展的一个显著特征!

参考文献

[1] Russell J. The Modern System of Naval Architecture[M]. London, 1865.

[2] 王振东. 孤立波与孤立子[J]. 力学与实践，2005，27(5)：86－88.

[3] Endo N，Taniguchi K，Katsuki A. Observation of the whole process of interaction between barchans by flume experiments[J]. Geophys. Res. Lett.，2004，31：L12503.

[4] Elbelrhiti H，Claudin P，Andreotti B. Field evidence for surface-wave induced instability of sand dunes[J]. Nature，2005，437：720－723.

[5] Sauermann G，Kroy K，Herrmann H J. A continuum saltation model for sand dunes[J]. Phys. Rev.，E，2001，64：031305.

[6] 李文献. 一类微分方程组的逆散射方法[J]. 数学物理学报，1989，DOI：CNKI：SUN：SXWX. 0. 1989－01－008.

16 Chapter 火星上的沙丘移动吗?

自古以来，对外星球的探知，一直是人类的梦想，同时也寄托了人类无限的遐想。我国战国时期著名诗人屈原在《天问》中就曾这样问道：“*日月安属？列星安陈？……厥利维何，而顾菟在腹?*”，就是说：“日月天体如何连属？众星在天如何置陈？……月中黑点那是何物，是否兔子腹中藏身?”。几千年来，为了解答这些问题，人类进行了艰辛的探索。从伽利略发明天文望远镜，人类第一次真实地“窥见”外星球的庐山真面目，到1969年人类首次登上月球在外星球表面漫步，古人的疑问和梦想正在一步一步地被解答和实现，外星球的神秘面纱正在一点点的被揭开。随着科学技术的高速发展，人类对外星球探索的脚步不断延伸，其中谜一样的火星最受关注。

火星表面是什么模样的？是否也和地球一样有沙漠和海洋呢？是否也有像人类一样的物种和文明呢？火星上的地貌是自古有之还是在现世形成的呢？这些谜题饱含了人类对外星球的梦想和遐想。不仅如此，对火星风成地貌的特征、形成过程和行为的研究，一方面有助于人们更为准确地认识和预测外星球表面的风环境和风沙运动，另一方面也有助于设计和制造登陆车使其避免地形干扰，成功执行科研任务。为此，从美国国家航空航天局(NASA)开始制订火星探测计划之日起，火星地貌研究便被列为研究项目之一。为此科学家们进行了不懈的努力，谜底也正被一步步揭开。

1971 年，NASA 成功发射了第一颗火星探测卫星火星 9。科学家们从卫星拍摄的图片中发现，在火星北极区域存在大量的沙丘场，而且在南半球的高纬度地区冲击坑内也有沙丘的存在[1](Greeley et al. ,1992)。迄今，通过火星探测卫星发现的火星表面沙丘场的面积已达到 798 000 km^2，其中在南极和北极的沙丘场的面积分别有 118 000 km^2 和 680 000 km^2。不仅如此，火星表面还有 58 个沙丘场的面积超过 300 km^2，大约有 60% 的区域被沙丘覆盖[2]。这些沙丘场中的沙丘除了大部分为横向沙丘外，也有线形的和星形等沙丘(见图 16－1)，与地球沙丘的风成地貌极为相似。然而，火星沙丘的尺度却要比地球上的大许多。以新月形沙丘为例，地球上新月形沙丘的高度一般在 1 m～10 m，而火星上发现的新月形沙丘的尺度在 10 m～1 000 m，二者相差近 10～100 倍。可以想象，若是置身于火星上，随处可见几十、上百米甚至上千米的“沙山”。

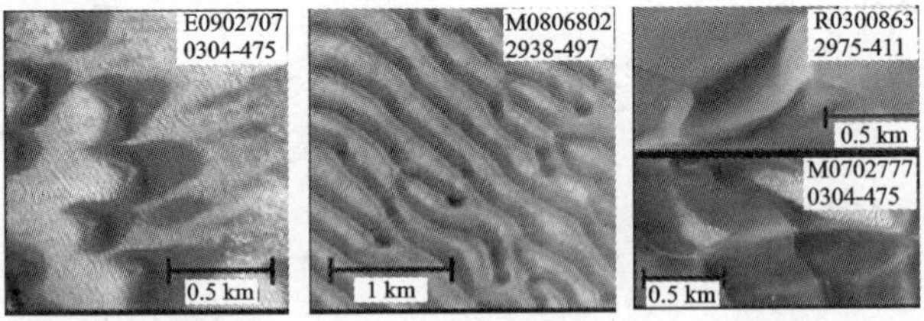

(a) 新月形沙丘　(b) 线形沙丘　(c) 星形沙丘

图 16－1　火星表面形态与地球类似的沙丘[1]

那么，为什么火星表面的沙丘和沙波纹尺度较之地球要大几个量级呢？通过力学建模和分析，我们得知由于火星表面的情况与地球表面存在显著差异，例如，火星上的沙粒粒径大概在500 μm左右，大于地球上250 μm左右的平均粒径，而火星表面的空气密度在0.02 kg/m^3 左右，远小于地球的空气密度(约1.225 kg/m^3)，火星的重力加速度，一般为3.71 m/s^2，这也远小于地球上的重力加速度9.8 m/s^2，因此导致火星沙粒比地球沙粒跃移的长度和高度大100倍左右，而沙粒的跃移速度也是地球沙粒跃移速度的5～10倍，这也就是为什么火星上的沙丘尺度(高度、长度)一般远大于地球上沙丘尺度的原因。

如此大面积的沙丘场和如此大尺度的沙丘实在是不容小觑!因为它至少会影响火星上的大气流场，而且也会成为火星车在火星长途跋涉时的一个陷阱。美国宇航局2003年发射的“机遇”号火星车就曾陷入这种沙地之中：2005年4月26日，机遇号在企图横越一个波浪形沙丘时，陷入沙堆动弹不得，由于对火星沙堆的特性不了解，到5月21日为止，喷气推进实验室的工程师已在11天的解救行动中8次开动火星车，但“机遇”号轮子依旧打滑，只前进了26 cm。如果在正常路面上，这段时间它应该已经行驶46 m。由于从地球发射的火星探测器到达火星需要历时约1年，所以，如果发射前确定的登陆地点在探测器到达前后被移动的沙丘“占据”，那就麻烦了!因此，科学家们关心的一个问题是：火星上的沙丘移动吗?

为此，首先要回答的是：火星上目前有无风沙运动——这是判断在目前的火星环境条件下能否形成沙丘和沙丘是否移动的前提。同地球上一样，火星沙丘形成的两个重要因素是沙——物质源和风——动力源。根据沙丘表面物质的热惯性和反照率的分析，科学家们认为火星风成地貌的物质源可能是由火星上的火山、水、风蚀、冰蚀或冲击过程形成的。例如：火山爆发产生的铁镁物质可以作为形成沙丘的沙源，Kenneth S. Edgett[3]通过对火星Tharsis地区沙丘的热惯性和反照率的分析指出，该处沙丘表面为火山灰(颗粒粒径小于60 μm)，这说明该沙丘可能是由火山灰形成，或者由火山灰覆盖。同时说明该处火山曾经爆发，且有风沙运动；水的冲击使得岩石碎裂，冲击作用也可产生大量的沙物质；火星风场对可侵蚀石块的侵蚀作用也可形成沙粒[4]。因为沙丘沙源是怎样形成的依然不清楚，所以对于火星沙物质提出了多种说法。例如，一些学者推断火星北极处的沙子是从北半球中纬度地区传输过来的，有的则推断它们来源于北极[5]，还有的学者根据沙源和沙丘场之间的距离将形成沙丘的沙源分为三类：一类为远距离的火山灰及流出的沉积物在经过大气输运上百公里后为沙丘提供一部分沙源；第二类是冲击坑形成后坑臂处产生的沙质颗粒被冲刷并被传输数公里后成为一部分沙源；第三类则为沙丘形成区域内地表的沙源。

至于火星上的风，据 1975 年发射的 Viking 号火星登陆车和 1996 年发射的 Mars Pathfinder 号火星登陆车对火星近地层风速的测量可知，火星上的风在一般情况下都很小，摩阻风速只有 0.25 m/s ~ 0.6 m/s，远小于火星沙粒起动的临界摩阻风速 2.0 m/s。然而，火星上的沙尘暴却十分频繁，据 Strausberg[6] 的统计：在 1997—2001 年这 4 年中，火星上发生的沙尘暴次数竟达 177 次。而且，火星尘卷发生的也比较频繁(见图 16 - 2)。

(a) 尘卷

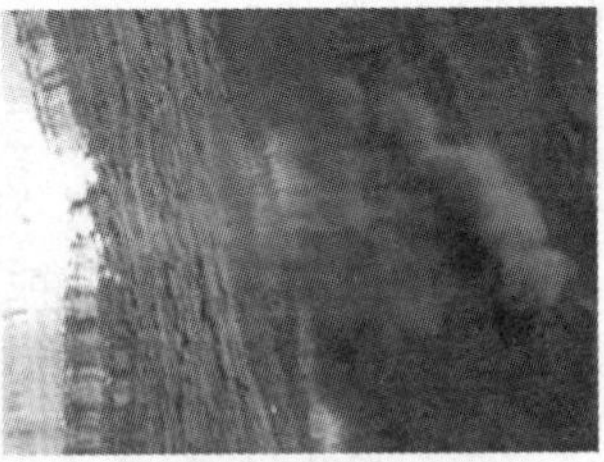

(b) 沙尘暴

图 16 - 2　火星的尘卷和沙尘暴

(图片来源 http：//www. holoscience. com/news. php？ article = zg70y10m)

(图片来源 http://t3. baidu. com/it/u = 2733685426,2648147105&fm = 15&gp = 0. jpg)

然而，频繁、剧烈的风沙运动仅仅是沙丘移动的前提，并非直接证据。于是，科学家们开始继续寻找更为充分的依据。2008年，科学家们从火星轨道探测卫星发回的两张图片中，似乎找到了一点线索。图 16 – 3 是火星探测卫星对 1999 年和 2002 年火星上同一地区拍下的图片。从图片上可以看出：在图 16 – 3a 中用 i 标出的位置处的沙堆在 2002 年时消失了。因此推断，可能是风沙运动导致了该地区沙堆的消失。但这仅仅是沙堆这种尺度较小的风成地貌，还不足以说明沙丘是否移动。

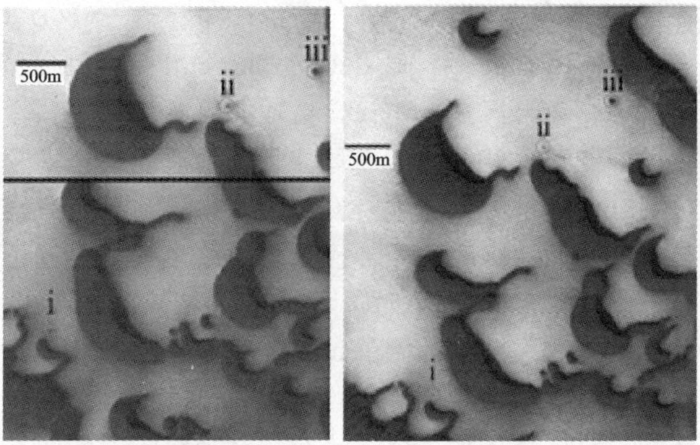

(a) 1999 年　　(b) 2002 年

图 16 – 3　火星探测卫星历经 16 个月拍摄到 2001 年火星一场沙尘暴前后同一地区的图片

(M. C. Bourke, Geomorphology, 2008)

随后，科学家们又分析了通过火星轨道卫星得到的在火星上的一个命名为“Proctor”的冲击坑内，分别在春季和秋季拍摄到的新月形沙丘的 MOC(火星轨道相机)图片(见图 16 – 4)。从图片的对比分析可以看到：图 16 – 4a 中圆圈所示的位置有沙丘的存在，而在图 16 – 4b 中该位置变为丘间地。由此推断：火星上沙丘的迎风面也会随着不同季节的风向发生改变。但是，由此似乎仍然不足以进一步推断火星上的沙丘是移动的。这时，理论模拟就成为给出解答的另一个重要途径了。

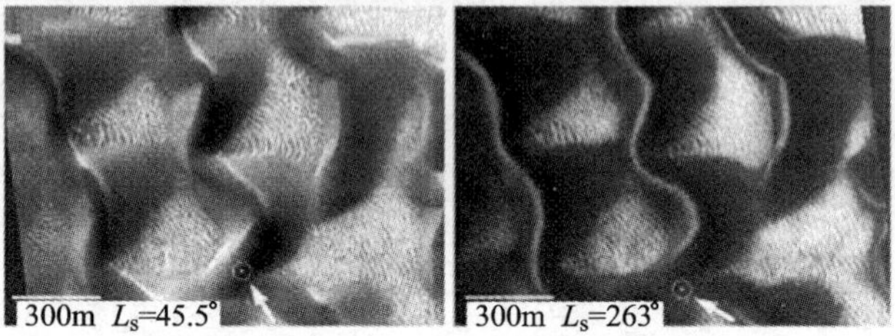

(a) 秋季拍摄的图片　　(b) 春季拍摄的图片

图 16-4　火星新月形沙丘及其表面“亮物质”位置的变化
Lori K. Fenton, JOURNAL OF GEOPHYSICAL RESEARCH, 2005)

其实，早在 20 世纪 60 年代，星球探测的初期，科学家们就想到了通过理论建模获得地球上风沙运动的准确模拟来预测其他星球，特别是火星上的风成地貌，因为在火星地表也有与地球相同的风成沙丘和沙波纹等存在，而且也有沙尘暴和尘卷等风沙运动存在，由此极大地推动了对风沙运动开展定量理论模拟的研究。然而，正如我们前面提到的，由于风沙运动的复杂性，现有的理论预测还在不断地完善。加之准确获取其他星球的相关基础数据的难度，对火星风成地貌的研究仍然是科学家们正在努力的主要课题。

郑晓静研究组最近的理论建模模拟，给出了一些新的结果。她们基于美国宇航局的基础数据(如沙粒的粒径、大气密度、重力加速度、沙粒密度)对火星表面的沙粒跃移运动进行了预测。由于地球和火星上的沙粒起动的临界风速有很大差异，分别为 0.22 m/s和 2.0 m/s，因此她们的计算结果显示，当火星上实际摩阻风速与对应的沙粒起动的临界风速的比值与地球上的相同时，除了风沙流密度相当外，火星上的输沙率、沙粒平均跃移长度和平均跃移时间以及平均冲击速度、风沙流平均速度都要比地球上的大。其中，平均跃移长度约为地球的 100 倍，平均跃移速度和冲击速度约为地球的 10 倍。可见，火星上的沙粒跳得既高又远且冲击力也大！

然而，正如先前所说，由于火星上风在大多数时间内远小于火星沙粒起动的临界摩阻风速，所以一般来说，火星上的沙粒并不十分活跃，这也是科学家们一直无法判断在火星目前条件下是否还能形成沙丘或沙丘移动的原因。但是，考虑到火星上的沙尘暴十分频繁，沙尘暴发生时的风速可以达到 2～4 m/s[7] 并且超过沙粒起动风速的时间大约有几十秒。这样，粗略估计火星上每年风速超过起动风速的时间约为 1.2 h。郑晓静研究组在考虑到这一情况后，采用她们的“三级跳”方法，给出了对火星沙丘场在目前的火星环境基础数据条件下的形成和发展过程的模拟。结果证实火星上的新月形沙丘的迎风坡长度与总长度的比值一般都比地球上的大，而平均丘臂长度与总长度的比值一般都比地球上的小(见图 16－5)。同时，也证实火星沙丘的高度一般是地球上同类沙丘高度的 10 倍。除此之外，她们发现，如果以每年超过临界起动风速的时间为 1.2 h 来计算，则在火星上形成一个高度为 30 m 的沙丘需要约 1600 年！换句话说，虽然在现在的火星大气条件下能够形成沙丘，但目前火星上大一点的沙丘可能有数千岁了！同样，可以推算，从 1975 年到 2009 年，火星上的沙丘移动距离最多不超 10 m！但是目前探测器拍摄照片的分辨率只有 10～100 m，这就难怪科学家们至今没有得到火星沙丘移动的直接证据了！

除了沙丘之外，火星表面还有一种波纹状的结构(见图 16－6)，大致可以分为三类。第一类主要是由粒径约为 50 μm～150 μm的细小均匀的颗粒构成，通常出现在火星坑里(见图 16－6a)，因此也称为坑内沙波纹；第二类波纹的粒径组分呈现双峰结构，表面覆盖的沙粒粒径较大，可达 1～2 mm(见图 16－6b)，主要出现在平坦地表，常被称为平地沙波纹。这两类波纹的截面宽度大约都在 100 mm 左右，波长约为 0.1 m，与地球上的沙波纹非常接近。具有显著不同特点的是第三类波纹，其截面宽度大约在 10 m 左右的量级，有的可达百米左右(见图 16－6c)。这类波纹

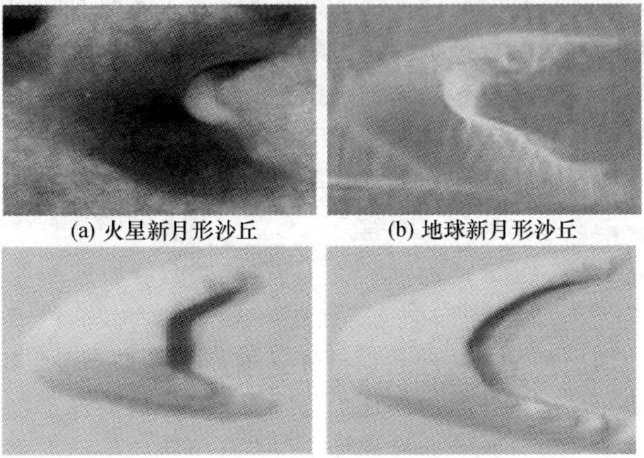

(a) 火星新月形沙丘　(b) 地球新月形沙丘

(c) 模拟得到火星新月形沙丘　(d) 模拟得到地球新月形沙丘

图 16－5　模拟得到的新月形沙丘与实际沙丘

的粒径组分也各有不同，有的与第二类波纹类似，表面沙粒的粒径可达 1 mm～2 mm，呈“倒粒序”结构，有的表面覆盖沙粒的粒径又不是太大。由于这类波纹的尺度远大于地球上的沙波纹，但又小于横向沙丘的尺度，所以它们究竟属于哪一种地貌至今尚无定论，科学家们就将它称为“风成横向沙脊”（TARs）。

目前对于火星地貌的研究还处于“摇篮”状态，虽然通过火星轨道卫星、探测器和登陆车已经得到了为数不少的影像资料，但尚无系统的方法对这些影像资料进行分析，缺乏理论模型对这些地貌的产生和发展进行描述，有的甚至还“无家可归”，如“风成横向沙脊（TARs）”。另外，沙丘的走向是与风向相关的，但是对于特殊沙丘的风条件还不得而知，也需要在量化大气等参数对风成过程的影响后才能准确判断。自从意识到外星球存在之日起，人类便不懈的努力和探索，试图揭开火星地貌神秘的面纱，但从定性认识到定量把握其规律，还有很长的路要走！

(a) 坑内沙波纹　　(b) 平地沙波纹

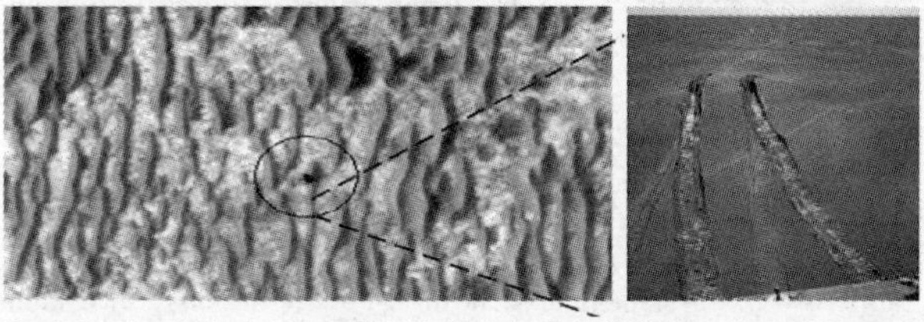

(c) 横向沙脊，圆圈内为“机遇”号火星车受陷的位置，右侧为局部放大图

图 16-6　火星车拍摄到的火星表面的波纹状地貌结构
（图片来源:美国宇航局）

参考文献

[1] Greeley R, Lancaster N, Lee S, Thomas P. Martian Aeolian Processes, Sediments and Features[M]. In Kieffer H H et al. eds., Mars, Univ. Arizona Press, Tucson, 1992, 730-766.

[2] Rosalyn K Hayward. Mars Global Digital Dune Database and initial science results[J]. Journal of Geophysical Research, 2007, 112, E11007.

[3] Kenneth S Edgett. Aeolian Dunes as Evidence for Explosive Volcanism in the Tharsis Region of Mars[J]. Icarus, 1997, 130: 96-114.

[4] Bridges N T, Greeley R, Eddlemon E, Laity J E, Meyer C, Phoreman J, White B R. Martian and terrestrial

rock abrasion from wind tunnel and field studies, Lunar Planet[J]. Sci. , XXXIV, Abstract 1766, 2003.

[5] Thomas P C, Gierasch P J. Polar margin dunes and winds on Mars [J]. Journal of Geophysical Research, 1995, 100: 5397 - 5406.

[6] Strausberg M J, Wang H Q, Richardson M I, Ewald S P, Toigo A D. Observations of the initiation and evolution of the 2001 Mars global dust storm[J]. Journal of Geophysical Research, 2005, 110(E2).

[7] Golombek M P, Cook R A, Economou T, Folkner W M, et al. Overview of the Mars PathfinderMission and Assessment of Landing Site Predictions[J]. Science, 1997, 278: 1743 - 1748.

17 Chapter 神奇的雅丹

在新疆克拉玛依市乌尔禾乡东南三公里，有一座方圆约 10 km^2的“魔鬼城”。当大风到来时，黄沙遮天，激荡回旋，凄厉呼啸，如同鬼哭狼嚎，令人毛骨悚然……。意大利旅行家马可·波罗曾在《马可波罗行记》中记载道：“沿途尽是沙山沙谷，无食可觅，禽兽绝迹，行人夜中骑行……则闻鬼语……”。而这一切在地学家的眼中，却是最瑰丽的岩石雅丹。

这里的“雅丹”泛指干燥地区的一种地表经风化作用、间歇性流水冲刷和风蚀作用，形成的与盛行风向平行、相间排列的风蚀土墩和风蚀凹地(沟槽)的地貌组合。[1]关于这个动听的名字的来历，还要从 19 世纪末瑞典探险家斯文赫定来我国新疆探险考察说起。当年，他在我国的罗布泊周围发现了大面积的土丘地貌，于是就问维吾尔族向导这是什么地方，向导告诉他这是“雅尔丹”，也即维吾尔语中险峻陡峭的意思。斯文赫定记住了这个朗朗上口的名字，并将它写进了书中，解释道“‘雅尔丹’，这是一个合适的突厥语的名字。”之后，中国学者再由英语翻译过来，“雅尔丹”就演变成“雅丹”了。[2]

雅丹地貌，犹如传说中的仙境，琼台楼阁，飞檐陡壁，留给人无限的遐想。典型的雅丹一般高 4 ~ 5 m，而 10 ~ 20 m 高的雅丹又称为麦萨(mesa)，即方台地。全球的雅丹地貌分布面积虽不是很大，但却遍及除澳洲以外的各大洲的沙漠中。通过对航拍图的分析发现，雅丹地貌在世界上主要分布在北非的埃及、利比亚、乍得、尼日尔；南非的毛里塔尼亚海岸；亚洲塔克拉玛干沙漠、柴达木盆地和伊朗的一些沙漠[3]；南美秘鲁海岸以及北美的莫哈韦沙漠。世界上范围最大的雅丹群在非洲乍得盆地的特贝斯荒原，约 26 万平方公里，最高大的雅丹在伊朗的卢特荒漠东南部，其中的雅丹可高达 200 m 左右，呈垅脊状延伸，集中在宽 500 m 左右，长数公里至十几公里的风蚀谷内，面积约 2 万平方公里。

我国的雅丹地貌面积约 2 万多平方公里，主要分布于青海柴达木盆地西北部，疏勒河中下游和新疆罗布泊周围。位于甘肃敦煌古海的雅丹的高度约 20 ~ 100 m，属于中大型雅丹群，其中的雅丹不仅造型丰富多彩，而且非常密集地集中在狭窄的风蚀谷内，为世界所少见。除此之外，我国最壮观的雅丹是位于玉门关以西戈壁荒漠中的三垄沙雅丹群，东西长约 10 km，南北宽约 10 km，面积约 100 km^2。由于地处三垄沙边缘，因此被称为三垄沙雅丹。三垄沙是一条横亘于罗布泊东部地区的流动沙丘带，至今仍受东北风的影响，随时游动。这条沙漠带长约百公里，宽约数公里，在汉代土梁道的沙带最窄，约 200 m。三垄沙雅丹东西长约 10 km，南北宽约 10 km，面积约 100 km^2。这里的土台高达 15 ~ 20 m，大多土台可长达 200 m。所有的土台都呈长条状东西排列，在早、午、晚太阳光线的作用下，产生不同的色彩世界，奇幻无穷(图 17 - 1)。位于我国罗布泊东北部的白龙堆雅丹被称为我国最神秘的雅丹，因其在阳光的照射下会反射点点银光，似鳞甲般，故古人将这片广袤的雅丹群称为“白龙”。从远处望去，白龙堆雅丹就像一条条在沙海中游弋的白龙，白色的脊背在波浪中时隐时现，首尾相衔，无边无际，气势雄伟。

(a)

(b)

图 17－1　雅丹地貌(图片来源:新华网)

图 17－2　埃及的雅丹地貌

图 17－3　伊朗的雅丹地貌

尽管雅丹的形状千姿百态，但形成过程却大致相似，其中最重要的两个条件是湖相沉积地层和外力的侵蚀，包括强大的定向风的吹蚀和流水的侵蚀。[4] 干旱区的湖泊，在形成历史中往往包括反反复复的水进水退，因而发育了上下叠加的泥岩层和沙土层。风和流水虽然可以带走疏松的沙土层，但对坚硬的泥岩层和石膏胶结层的作用却很有限。不过，致密的泥岩层也并非坚不可摧。荒漠区温差变化剧烈，使得泥岩层产生胀缩效应而崩裂。例如，我国的罗布泊地区处于极端干旱区，昼夜温差变化剧烈，这就使热胀冷缩的效应发生，外露的岩石崩裂发出声响。连被称为“顽固不化”的花岗岩，在这种气候环境中也只能顽而不固，逐渐崩裂成碎块。在这种作用下，暴露出来的沙土层被风和流水带走，演变为凹槽状。但依然有泥岩层覆盖的部分相对稳固，形成或大或小的长条形土墩，雅丹地貌的形态逐渐凸现出来。所以，干旱区的湖相沉积地层被流水作用和块体运动所改造、被风力吹蚀搬运和磨蚀抛光所加工，最终塑造成为雅丹。可见，风力侵蚀在雅丹地貌形成的过程中是不可或缺的。

有许多学者对于雅丹地貌的发育过程开展过研究。除了对实际的雅丹区分别测量雅丹顶部、侧面、凹槽底部和凹槽内 3 m 高度的风速外，也有采用风洞模拟的方法研究侵蚀对雅丹地貌发育的影响。[5]而根据流体力学的黏性流体圆柱扰流图像(图 17－5)，我们知道，随着雷诺数的增加，在圆柱迎风面从对称的势流逐渐过渡到出现边界层分离现象，分离点前压力为正，分离点后压力为负。当雷诺数超过 $2\times10^5\sim4\times10^5$时，在柱体背面形成一个大约 100°的扇形面分离区。分离区内的负压强对柱体的作用是反向掏蚀，而迎风面上的风力起吹蚀作用。对于非光滑、非标准圆柱，由于有棱角、有凹槽，流体扰流的分离线就不随流体速度变化，而是固定在棱角线上发生。所以，风力对物体迎风面和背风面的作用是不一样的。

图 17－4　甘肃敦煌的雅丹地貌

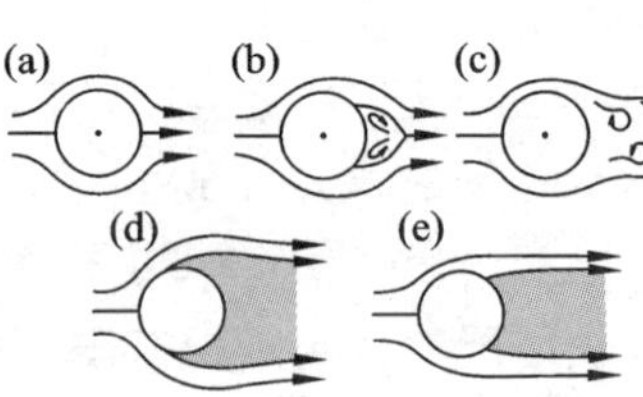

图 17－5　圆柱绕流示意图

风力是以风沙流的形式塑造荒漠地貌的。在同一风速下，挟沙风中做跃移和蠕移运动的沙粒，大的迎面冲击泥岩层和沙土层，而小的则进行掏蚀。当挟沙气流长期作用于其输送前方的物体上时，正面的风蚀和反面的掏蚀比净风情况要强烈得多，所引起的风蚀量一般是净风的 4 ~ 5 倍。在这一过程中，沙粒跃移角速度大约每秒数百转，高速旋转（见本书“沙粒间的碰撞”一章）所引起的磨蚀也是非同小可的！这样，沙粒对物体外部的打磨效果从雅丹地貌的发育上就清楚地体现出来了。

风沙流对植株的外打磨俗称沙割，是干旱半干旱地区风沙对农林牧业的一种灾害。由于春季大风频发时期正是各种农作物播种和生长的时节，灾害天气发生时，正值作物破土出苗，持续的近地表风沙的强烈打磨就会使一些农田新长出的幼苗被折断或连根拔起，随之而来的低温破坏了幼苗的正常生理代谢，造成幼苗枯萎、生长点被破坏。[6] 除此之外，几乎所有仪器在野外使用时都会受到磨蚀。全新的相机在几次野外风沙流观测后，外表就会斑驳不堪，镜头甚至无法正常伸缩。沙尘随气流沉积在机械表面，进入机械的传动和转动部分，还会造成内研磨。密封良好的仪表和机械表失灵等都是野外实验最常碰到的问题。沙漠大风区的风力发电设备、通讯设备等所受的外打磨作用也是在工程设计实施时必须考虑的。近年来，随着沙漠腹地的油气、矿产资源的发现和开采活动的增加，各种工程设施包括铁路、公路和人居建筑的兴建，风沙对建筑物的磨蚀问题逐渐体现出来，已有一些研究人员和工程技术人员开始注意到这一问题，并开始试图在建筑规范的国家、地方或行业标准中考虑风沙磨蚀的影响，以其提高建筑物与工程设施的使用寿命和安全系数。

近年来，风沙环境对文物的侵蚀破坏也逐渐引起人们的注意。著名的世界文化遗产敦煌莫高窟中保存着 4 到 14 世纪的精美壁画和彩塑，在中国和世界艺术史上都占有极其重要的地位。莫高窟地处极端干旱的内陆戈壁沙漠地区，干燥的气候为壁画的长期保存提供了条件，但却使其长期受到风沙的危害。由于戈壁风沙流对崖面露天壁画的撞击、磨蚀，一方面使壁画褪色、变色；另一方面还对洞窟围岩进行冲击、磨蚀，造成其上部洞窟岩体变成危岩，对窟顶沙砾石层产生强烈的剥蚀作用，造成洞窟顶部逐渐变薄直至坍塌，甚至个别洞窟直接露天，壁画被毁。进入窟内的粒级在 0.05～0.005 mm 左右的粉尘，矿物成分以石英、长石为主，粉尘表面形态为棱角状和次棱角状的占 83%。这种棱角状高硬度石英颗粒随湍流运动既能对壁画、塑像进行磨蚀，又能侵入壁画和塑像颜料的空隙间，不仅严重影响艺术效果，而且使壁画产生龟裂，随着粉尘的不断沉积，逐渐产生一种把壁画向外挤压的能量，导致壁画大面积脱落。

此外，工业生产中的磨蚀作用也是比较常见的。如汽轮机，投产运行较长时间后，往往从锅炉炉管及主蒸汽管等内壁上脱落一些细微锈垢的固体颗粒。这些固体颗粒在主蒸汽气流的吹动下，脱离壁面，以一定尺度的微小颗粒形式随蒸汽流向叶栅流道。伴随着这些含有微小固体颗粒的蒸汽的流入，在调节阀、透平的动、静叶片处产生了滑动磨损、固体粒子腐蚀等现象。在固体颗粒的长期磨蚀作用下，可能使叶片的尾缘部分的叶型完全破坏，成为损害透平机械可靠性的原因之一。同时，固体颗粒对叶片的磨损，使得叶片的光洁度、叶型线都偏离设计值，导致流动损失增大，叶栅气动效率降低。如何减轻或避免固体粒子对高负荷汽轮机中高温、高压部位的腐蚀作用，在国内外透平机械厂和设计所的同行中引起了越来越密切的关注。

自然界的磨蚀研究除了涉及流体力学外，还依赖于岩土力学和破坏力学的知识。土壤风蚀的规模、程度与大气边界层内气体对土壤颗粒的作用力紧密相关。这不仅取决于风速的大小和方向，还取决于地表状况，诸如土壤团粒结构和表面粗糙度等等，而风沙流对作物的打磨还要考虑植株的特性和承受能力以及生长程度等。工业生产中的磨蚀问题要涉及机器内部的气流流动特性和易磨损机械零件的材料、形状等。这些看似无关联的现象其实都具有相同的本质。

如何深入了解风蚀及磨蚀现象，进一步探究它们作用的力学机理，是摆在我们面前的重要难题。只有加强对其作用过程的进一步探索，才能更好地避免它给我们带来的一些危害，并且尽可能地使这种危害降低到最小的范围。

虽然与此相关的研究已经取得了一些进展，但就其重要性而言，还远远不够。应该进一步加深对其形成、变化过程的研究，揭示其形成中的力学问题，进一步研究在我们生活和生产中产生的相似问题，并提出相应的解决方案。当我们真正了解了这些以后，在我们欣赏雅丹地貌美丽的同时，才能真正感受到大自然无限的创造力。

参考文献

[1] 王帅，哈斯．风蚀地貌形态与过程研究进展[J]．地球科学与环境学报，2009，31(1)：100－105.

[2] Ward A W，Greeley R. Evolution of the Yardangs at Rogers Lake，California[J]. Bulletin of the Geological Society of America，1984，95(7)：829－837.

[3] 陈自仁．罗布泊的神奇雅丹[J]．丝绸之路，2005，3：37－40.

[4] 夏训诚．重返罗布泊[J]．大自然探索，2003，4：4－9.

[5] McCauley J F，Ward A W，Breed C S，et al. The Yardangs at Rogers Dry Lake，California[J]. Geological Society of America，1977，9(7)：150－152.

[6] 窦贤．雅丹地貌——大漠深处的地貌奇观[J]．国土资源，2005，3：38－41.

[7] 戚隆溪，王柏懿．土壤侵蚀的流体力学机制(I)——水蚀[J]．力学进展，1995，25(4)：501－514.

[8] 郑本兴，张林源等．玉门关西雅丹地貌的分布和特征及形成时代问题[J]. 中国沙漠，2002，22(1)：40－46.

[9] 百度百科 http：//baike. baidu. com/view/34548. htm

[10] 刘贤万．实验风沙物理与风沙工程学[M]. 北京：科学出版社，1995.

[11] http：//www. lvyou114. com/tuku/24/24672. html

18 Chapter 关于鸣沙

提起沙漠，让人不由得联想到浩瀚无垠、人迹罕见、干燥酷热、黄沙滚滚而望而却步。然而，沙漠也并非只是满目荒凉。沙漠中那绵延数十公里的沙山，嵌套在沙山上大大小小的沙丘，铺满沙丘表面大至数米小至几厘米的沙波纹，是那样的错落有致，层层相套，自成体系；又是那样的气势磅礴，不可抗拒。更妙的是：沙子还会唱歌，会呜咽，会怒吼。不错，这就是我们要说的“鸣沙”！

鸣沙现象是世界各地沙漠中一种普遍存在的自然现象。从美国的长岛、马萨诸塞湾、威尔斯两岸到英国的诺森伯兰海岸、丹麦的波恩贺尔姆岛以及波兰的科尔堡；从蒙古戈壁滩到智利阿塔卡玛沙漠和沙特阿拉伯的一些沙滩和沙漠，都听到过沙子发出的奇特声响。在中国，也有很多鸣沙地。最著名的有四处，分别是甘肃省的敦煌鸣沙山(图 18－1)、宁夏回族自治区中卫县的沙坡头鸣沙山、内蒙古自治区达拉特旗南库布齐沙漠的响沙湾和新疆巴里坤盆地东缘的柳条河鸣沙山。据统计，世界上已经发现了 100 多处能发出声响的沙滩和沙漠。

分布在世界各地的鸣沙发出的声音也是多种多样的。美国夏威夷群岛上的沙子，因为能发出一阵阵像狗叫的声音而被人们称之为“犬吠沙”；苏格兰爱格岛上的沙子能发出一种犹如拨动琴弦时发出的尖锐响亮的声音。中国也有鸣沙，据史书记载，天气晴朗的时候，敦煌鸣沙山会发出丝竹弦的声音，好像在演奏音乐一般，加之敦煌鸣沙山附近沙丘如林，因此被称之为“沙岭晴鸣”，成为敦煌的一大景观。而如果你从宁夏沙坡头的鸣沙山上滑下来，沙子就会像竺可桢描述的那样“发出轰隆的巨响，像打雷一样。”新疆的柳条河鸣沙山也是如此。最为美妙的是库布齐沙漠的响沙湾。人们只要一走进响沙湾，就会听到各种声音。有的好像手风琴拉出的低沉乐声；有的又好像叮当作响的银铃；有的好像飞机擦过天空发出的轰鸣声；有的又好像在大海上航行的轮船拉响的汽笛声。因此，响沙湾又叫“银肯响沙”。这些沙子发出声响并不依赖于风的作用，没风的情况下也能够发出声音。

中国是目前世界上鸣沙保留最多和对鸣沙了解最早的国家，历代文献对鸣沙都有明确的记载。最早见于两千多年前的东汉《辛氏三秦记》，其云：**“河西有沙角山，峰愕危峻，逾于石山，其沙粒粗色黄，有如干粮……”**；《后汉书·郡国志》纪云：**“水有悬泉之神，山有鸣沙之异。”**；唐书《元和郡县志》云：**“鸣沙山一名神沙山，在山南七里，其山积沙为之……”**敦煌遗书中的有关记载更为详细。因此，敦煌鸣沙山古称沙角山、神沙山。

沙子为什么会发出声响？这是世界各国的科学家一直关心并试图解决的问题。人们首先考察了鸣沙现象发生的地理条件。根据中国四处著名鸣沙地环境的共同之处，有学者认为，出现鸣沙现象要具备三个条件：一是沙丘高大且陡；二是背风向阳，背风

图 18－1　敦煌鸣沙山

坡沙面呈月牙形；三是沙丘底下有水渗出，形成泉潭或有大的干河槽。可问题似乎并不那么简单，因为人们发现即使沙子被带回家，在一定条件下也会发出声响。在风沙物理学方面做出卓越贡献的英国科学家拜格诺的实验室里，就长年摆放着一个装着鸣沙的瓶子。这位风沙动力学的开山鼻祖对鸣沙进行了多年的研究，可直到去世，也始终没有弄明白为什么当他摇动那瓶沙子的时候，会发出美妙的声音。

究竟鸣沙的发声机制是什么？为了揭开鸣沙的奥秘，科学家们一直不懈努力着，付出了大量的心血和劳动，但这仍然是个谜。科学家们目前只能给出一些关于鸣沙现象的假说。这些假说通常可分为三类：

第一类可称为空气振动说。19 世纪晚期，美国学者 Julien 和 Bolton 首先提出了空气振动说。他们认为空气在沙粒之间产生振动，从而发出响声。沙粒滑动时，它们中的空隙一会儿扩大，一会儿缩小，空气时而钻进这些空隙，时而又被挤出这些空隙，导致沙粒产生振动，发出响声。根据这一假说，可以得出沙粒表面的光洁度对鸣沙有影响。于是，有人采用电镜扫描分析(Scanning Electron Microscope, SEM)和声学测试的方法，对沙丘发声现象进行了模拟。通过对敦煌鸣沙山鸣沙、机械粉碎的石英砂、海滩哑沙经球磨机冲洗 500 小时后变鸣的海滩鸣沙、未经球磨机冲洗的海滩哑沙以及日常用淀粉这 5 种样品的发声现象进行比较，发现敦煌鸣沙的发声效果最好。这是因为敦煌鸣沙石英颗粒边棱钝化，表面有风蚀环境下形成的形态各异的撞击坑，并有典型的碟形坑，脊部有小的不规则撞击坑生成，进而使得沙粒间的空隙增大，钻进并被挤出这些空隙的空气增多。与此类似的喷气理论说则认为声音是沙粒快速受压时喷射出的空气引起的。然而这类空气振动假说不能解释当新的滑动产生之后，在已经被扰动的沙面滑动时，还能再次出现轰鸣声。

第二类是摩擦说。这也是大多数学者的观点，因为摩擦产生声音是众所周知的事实。坡印亭(Poynting)认为摩擦可引起弹性波，从而达到沙粒的自然振动。这类假说又可分为摩擦静电说、压电学说、剪切面理论和黏结滑动理论等。

• 摩擦静电说认为组成鸣沙的石英沙粒相互摩擦产生静电，于是发出音频。苏联学者雷日科还根据这一原理制造了人造鸣沙现象。

• 压电学说以结晶石英的压电性为理论基础，认为如果这种材料的一个圆球在两块平行压力板间滚动，当压力沿着晶体中某一个轴的两头作用时，会发生带电现象，就很有可能在沙粒连续发生滚动，轴线的排列使得细微的电荷累积起来，从而引起沙粒振动，产生轰鸣声。苏联的一位学者考察了内蒙古的响沙湾后，发现该地石英质地的沙粒占沙粒总数的52%～62%。他认为鸣沙中的石英沙粒对压力十分敏感，一旦受到挤压就会带电。电压越高，鸣声就越响亮。然而，此种假说不能解释有的鸣沙并非由石英组成的问题。

• 剪切面理论是依据拜格诺的实验提出的。他的实验结果显示，鸣沙在滑动时，沙层内部存在着剪切面。沙粒在剪切面上有规律的膨胀是振动产生的本质。Humphriers通过对埃及沙漠鸣沙和哑沙的剪切实验研究，提出可能在沙层地表以下4英寸处存在一个音板，表层沙层运动作用于该音板时，通过沙粒在音板上的剪切而发声。

• 日本学者三轮茂雄研究了海岸鸣沙与哑沙内摩擦特征，利用贯入仪对比研究鸣沙和哑沙动态和静态摩擦角度差的变化。研究发现，鸣沙的静态摩擦角度是哑沙的五倍，从而推测内摩擦角的差异是鸣沙和哑沙的本质区别，并进而认为海水污染可能是造成鸣沙变哑的主要原因。

• 黏结滑动理论认为声音是黏结滑动摩擦引起的振动造成的。

总之，摩擦说认为：鸣沙的发声源即声音产生于摩擦和振动。

第三类是水分共鸣箱说。人们发现湿度对鸣沙声响有影响。在对南非的 Kalahare 沙漠鸣沙进行实验时偶然发现，当在沙丘表面用力下滑时，沙丘产生了隆隆声。当沙粒吸收水分时，鸣沙随之消失。当将水分蒸发沙层干燥时，沙鸣声又重新恢复。显然，湿度是控制沙鸣的主要因素。于是，在对内蒙古库布齐沙漠的响沙湾和敦煌鸣沙山的鸣沙进行考察后，有人推测，鸣沙形成的必要条件是鸣沙坡的沙丘形态为新月型沙丘，沙丘下要有水源，水经过毛细作用通过沙面蒸发到空中，在新月型落沙坡处形成天然的“水分共鸣箱”。所以，当一定厚度的干沙层下为湿沙层时，人体下滑，干沙层中空气急剧受压并向下逃逸，受湿沙层的阻挡，就会发生震动，形成声音，后经“水分共鸣箱”而放大，形成隆隆声。然而，莫高窟鸣沙丘形态并非新月型沙丘，而是金字塔沙丘，沙山下更无水源，落沙坡不全是具有共鸣的凹形坡，也有些是凸形坡或直线形坡。因此，此种假说不能解释所有的鸣沙现象。

尽管上述几类假说在解释鸣沙机理时的观点不尽相同，并且有的还缺乏实验验证，未能系统地解释鸣沙发声这一奇特的自然现象，但这些假说都可以认为是从振动和摩擦这些力学观点的角度出发对鸣沙的发声机理进行定性的解释。然而，要最终揭示鸣沙这一奇特的自然现象，需要更为系统的理论分析和定量模拟。沙粒间的空气究竟如何流动导致发声、湿度和电荷究竟对摩擦和振动产生什么程度的影响、沙粒表面的缺陷对空气流动和产生的摩擦与振动有什么作用、连续介质力学理论和它的模型能否用于描述沙粒系统等这些问题，与目前科学前沿的热点问题，如多场耦合的复杂动力系统问题、微细观与宏观的多尺度和跨尺度问题等是相关的。也许通过对鸣沙的发声机理进行定量研究，不仅能揭开鸣沙的神秘面纱，同时也是解决这些科学前沿关键科学问题的有益尝试；也许我们可以通过对鸣沙材料的特殊处理使之发出与岩石形成共振的频率，使岩石因震动而分裂，从而找到一种新的采矿手段——“音钻”，或产生能抑制沙尘暴的声音，使沙漠不再黄沙滚滚；也许我们还可以通过各种人工手段来实现沙粒发声，恢复、改造甚至再造鸣沙山。到那时，沙漠将不再使你望而却步。你将在欣赏一幅幅匪夷所思的沙漠奇景的同时，聆听到来自鸣沙的交响乐。这种感觉不是更奇妙吗？

参考文献

[1] 马玉明．响沙、沙响与共鸣箱之奥秘[J]．内蒙古林业科技，2000，4：10－14.

[2] Julien A A, Bolton H C. Musical Sand[J]. Science, 1883, 43: 713.

[3] 屈建军，代枫年，等．鸣沙研究及其展望[J]．地球科学进展，1993，4：59－61.

[4] Poynting J H. Musical Sand[J]. Nature, 1908: 248.

[5] 王进玉．鸣沙奇观的奥妙[J]．科学与文化，1990，1：35.

[6] 拜格诺 R A. 风沙和荒漠沙丘物理学[M]．钱宁译．科学出版社，1959，238－239.

[7] Humphriers D W. The booming sand of Korizo Sahara, and the squeaking and of Gower. S. wales: A comprison of the fundamental charactrisics of two musical sands[J]. Sedimentology, 1966, 6: 135－152.

19 Chapter 堆沙子的艺术

尽管沙尘暴中的沙粒给人们带来许多麻烦，造成土地沙化、空气污染等环境问题。但是，当它们形成沙波纹时，会让你觉得惊奇，这是大自然的力量。你是否曾试图用沙粒堆砌自己的梦想王国呢？其实，沙粒的用途还不止于此，让我们先从“沙漏”说起吧！

沙漏是古代类似“漏刻”的一种计时工具，又称“沙钟”或“沙壶”。中国、古埃及和古巴比伦等文明古国都使用过漏刻来计时。“漏”指计时用的漏壶，“刻”指划分一天的时间单位。漏刻由漏壶和标尺两部分构成。起初的漏刻是用水做介质的。漏壶用于泄水和盛水。标尺用于标记时刻，使用时置于壶中，随壶内水位变化而上下运动，达到分时计时的效果。漏刻的计时是等时计时方式，其准确度取决于水流的均匀程度。早期漏刻大多使用单只漏壶，滴水速度受到壶中液位高度——水压的影响，液位高，滴水速度快，液位低，滴水速度慢。为解决这一问题，古人进一步创制出多级漏刻装置(见图 19－1)，即用多只漏壶上下依次串联成一组，每只漏壶依次向其下一只漏壶中滴水。这样，对最下端的受水壶来说，其上方的一只泄水壶因为有同样速率的来水补充，壶内液位基本保持恒定，其自身的滴水速度也就能保持均匀。从而取得比较精确的时刻。我国北方由于气温较低，水容易结冰，为此人们用沙子来代替水。最常见的沙漏是两个圆锥形玻璃容器(见图 19－2)。流沙从上部容器中经小孔流入下部的容器，根据流沙的量来计量时间。由于无水压的影响，沙漏比漏刻更精确。

图 19－1　中国数字科技馆复式多级铜壶滴漏

图 19－2　沙漏

仔细比较图 19－1 和图 19－2 后，您也许会问：沙漏中盛沙的容器为什么是圆锥形而不是漏刻中的圆柱形或其他形状呢？为什么用沙子不会像用水那样受到压力的影响呢？这是由颗粒物质的特性决定的。

颗粒物质一般是指直径在 1 μm 以上的大量固体粒子组成的集合体，这类物质在自然界、日常生活中普遍存在。例如自然界常见的沙粒、积雪、土壤、泥石流、浮冰，生产生活中常用的矿石、煤炭和日常生活中的粮食、药品、糖、盐等都是颗粒物质。可以说，颗粒物质是自然界和工程界广泛存在、也最为我们所熟悉的一种物质形态。它通常由固体组成，单个的沙粒是固体，但整个系统从宏观上看显然不是固体，因为它的流动特征十分明显，如同沙漏中流动的沙子。但您也不能因此就认为它是流体，因为它可以有自己的形状。由于不同于我们所熟悉的物质的固态、液态和气态，且与这三态有很大的差异，也有人称其为物质的第四态[1]。颗粒间相互作用非常简单，但集体行为现象却极其丰富，如沙波纹。

沙漏中采用圆锥形的容器盛沙是因为沙子漏下来所形成的沙堆总是呈圆锥形，锥角一般约为35°。沙漏之所以不受压力影响，是因为颗粒物质的“粮仓效应”。

初中物理知识告诉我们，在圆筒容器中，如果装入高度为 h 的液体，筒底所受的压强为 $p=\rho gh$，即与液体深度成正比。但是，如果我们将液体换成沙粒等颗粒物质，情况就不一样了。英国科学家 I. Roberts 早在 1884 年就观察到一个奇妙的新现象：当粮仓中的粮食堆积到高度大于底面直径约两倍后，粮仓底面所承受的力达到饱和，即不再增加。那么，颗粒的重量跑到哪里去了呢？

对于“粮仓效应”的解释，早在 1895 年，德国工程师 H. A. Janssen 就从连续介质力学出发，提出了著名的 Janssen 模型。他认为，由颗粒重力产生的水平压力使得壁面和颗粒之间产生摩擦。通过摩擦力的作用，器壁支撑了大部分颗粒的重量[3]。因此，颗粒与器壁的摩擦力使器壁负担了颗粒系统中“丢失了的重量”。在不考虑边界条件，即颗粒尺度远小于粮仓半径的情况下，这个模型能够反映底部的平均压力随堆积高度变化的规律，很好地解释了“粮仓效应”的原理，也被后续的一些实验所证实。如图 19-3 所示的实验装置，在容器内填充不同高度的颗粒物质，质量为 M，通过电子天平测量底部感受到的质量 M_a，结果发现，随着填充高度的增加，表观质量趋于饱和(见图 19-4)，也就是尽管 M 增加，但 M_a 却逐渐趋于一个饱和值，说明容器底部感受到的压力要小于填充物质量，其余的质量则由于摩擦力的作用而被仓壁所承担。

“粮仓效应”可以解释许多生产与生活的问题。如插入水中的棒轻轻一提就出水面，而插入颗粒物质中的棒需要用力才能拔出，原因就是棒侧壁支撑了部分颗粒重量；水坝下部一般都经过了加厚处理，由于液体服从 $p=\rho gh$，越往下水坝受到的压强越大。而粮仓却不一样，由于侧壁分担了大量的重量，底部不用经过加厚处理。这也可以用来解释为什么沙漏计时比单级漏刻准确，因为沙堆的高度对沙漏出口处的压强并没有明显的影响！

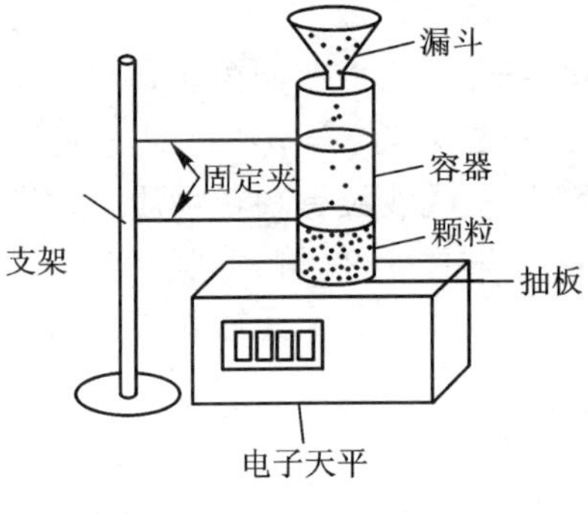

图 19－3　实验装置图[2]

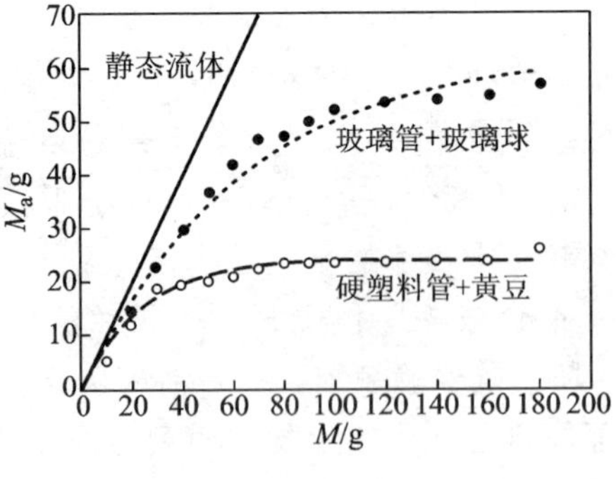

图 19－4　容器底部所感受到的质量随添加颗粒物质量的变化关系[2]

图 19－5　大坝与粮仓

那么，堆成的圆锥形沙堆对地面的压力在哪一点最大呢？很多人一定认为，圆锥顶点所对应的正下方的点对地面压力最大，因为这一点看来是整个地面上承受最大重量的位置。但事实并非如此。科学家们已经通过实验观测到[4]，最大压力围绕着正中心形成环状，而在中心点处存在一个压力低点，这种现象称为压力凹陷（如图 19－6 所示）。与此同时，有实验还发现[5]，压力凹陷现象与沙堆形成的历史密切相关。这一点也可以用实验来验证。有人就研究了锥形和楔形两种不同形状的沙堆，每种沙堆都使用两种方法生成。一种是局部源法（The localized-source procedure），即使用漏斗形成沙堆，漏斗出口远小于沙堆直径；另一种是落雨法（The raining procedure），即使用滤网形成沙堆。实验结果显示，由局部源法生成的沙堆，无论是锥形还是楔形，都会出现中心压力凹陷现象。其中，锥形沙堆的中心压力凹陷现象比楔形更明显，前者中心处的压力比最大压力值小了约 50%，而后者只小了 15%。但由落雨法形成的锥形和楔形沙堆，都没有出现中心压力凹陷现象。

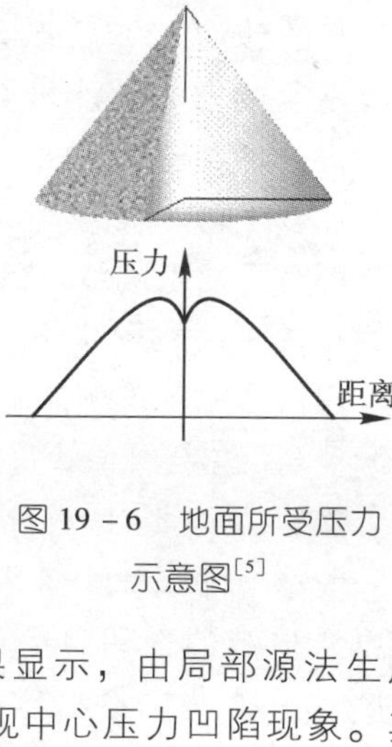

图 19－6　地面所受压力示意图[5]

为什么同样是沙堆，有些有压力凹陷，有些则不会出现压力凹陷呢？为了解释这个现象，学者们也提出了很多模型，如成拱模型，认为沙堆内部颗粒形成拱结构，把重量分散到沙堆的外围；压力沿确定方向连续的固定主轴(fixed principal axis)模型，认为沙堆内部可看作是由许多物质小单元组成，其压力轴的方向在物质小单元形成后即已确定，该方向与固定主轴方向相同，不会随着沙堆的增大而变化。但对于这些模型是否能反映真实的物理过程也有着大量的争议。模型可能过于片面、简单，只能解释一些典型的现象，没有通用性。到目前为止，在模型方面尚未得到一个统一的认识。

图19-7　沙堆模型

让我们再来亲自体验一下堆沙子！设想在平台上缓缓地添加沙粒(见图19-7)，一个沙堆逐渐形成。开始时，由于沙堆平矮，新添加的沙粒落下后不会滑得很远；但随着沙堆高度的增加，沙堆坡度也不断增加，沙子滑行的距离随之增大，但这些沙子移动仍然是有局部性的；继续增加沙子，沙堆的坡度会达到一个临界值，这时哪怕添加一粒沙子都有可能引起沙堆表面的大规模崩塌，称为沙崩。在美国著名的布鲁克海文国家实验室工作的P. Bak等人[6]曾基于类似的沙堆模型形象地说明了颗粒物质中的自组织临界现象。

沙崩现象与可使沙粒在沙堆上停住的休止角(见图19-8)——沙子松散状态堆积时其坡面与水平面所形成的最大倾角——有关。当沙粒的直径小于1 mm时，沙粒的休止角约为35°。当滑面更为陡峭的上段达到或超过这个角度时，沙堆就不稳定了，沙崩也就发生了。

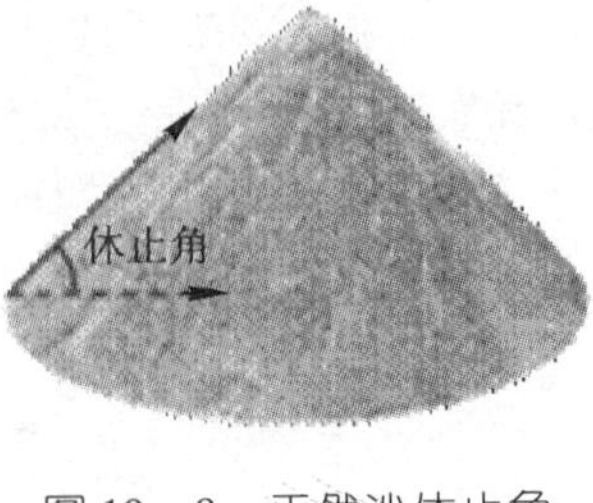

图19-8　天然沙休止角

沙崩现象与自然界中的沙丘移动、雪崩(见图19-9)、山体滑坡、火山爆发、岩层形成、日常生活中的交通阻塞以及金融市场中的幂律

图 19 - 9　雪崩

分布现象类似，它们都处于一种自组织临界状态，这种状态是人类经过科学认识发现静止状态、随机状态、混沌状态之后新发现的一种复杂状态，也是非线性复杂系统的典型特征之一。在这种状态下，系统的运行效率最高。自组织临界性概念的提出，解决了对一种演化模式的认识，加深了我们对复杂系统演化方式、行为和模式的认知[7]。前面提到的沙波纹形成和消失的临界风速、沙粒起动的临界风速与这里的由休止角给出的临界状态是否有类似之处？如果有，内在的关系如何？这些问题目前还很难回答。但是，从复杂系统的角度看风沙运动和沙尘暴，也许是值得我们探索和尝试的一个新的视角。

参考文献

[1]　De Gennes P G. Granular matter: a tentative view[J]. Rev Mod Phys, 1999, 71(2): S374 - S382.

[2] 陈新，李维晖，孙镭等. 粮仓效应的实验设计[J]. 物理实验，2006，26(4)：72－73.

[3] 厚美瑛，陆坤权. 奇异的颗粒物质[J]. 新材料产业，2001，2(2)，28：6－8.

[4] Watson A. Searching for the sand-pile pressure dip[J]. Science，1996，273(5275)：579－580.

[5] Vanel L，Howell D，Clark D，et al. Memories in sand：experimental tests of construction history on stress distributions under sandpiles[J]. Phys Rev E，1999，60(5)：R5040－R5040.

[6] 帕·巴克. 大自然如何工作[M]. 武汉：华中师范大学出版社，2001[Bak P. How Nature Works Wuhan：Central China Normal University Press，2001 (in chinese)].

[7] 梅可玉. 论自组织临界性与复杂系统的演化行为[J]. 自然辩证法研究，2004，20(7)：6－9.

20 Chapter 无风也疯狂的沙粒

我们常常以为，沙尘暴中的沙粒之所以漫天飞舞般的疯狂，那是因为有风的作用。您可曾知道：这沙粒无风也疯狂吗？就让我们来看看当摇晃和振动容器中的沙粒时，这些沙粒是如何急不可待地变化着它们的“阵容”吧！

当把沙粒放在竖直振动台上时，这些沙粒会集中在平台上的一些振动节点或节线处，振动范围很小，甚至没有，这就是著名的克拉尼(Chladni)斑图。如果将沙子换成发酵粉，由于空气流的原因，它们将聚集在波腹处，而不是节点。如果平台上没有节点，颗粒仍然会形成不同的表面斑图(Surface Patterns)。沙粒在振动台上出现斑图的行为引起了科学家们的兴趣。1996 年，Shizuoka 大学的 K. M. Aoki 等人将一些染了色的玻璃球放在矩形容器内观测它们的振动情况[1]，结果发现当振动加速度超过某个临界值时，颗粒的对流方向会发生翻转，并且随加速度的改变，对流圈的数目也会发生变化(图 20－1)。振动引起的这种颗粒内部对流也能使颗粒表面形成各种斑图。随后，1998 年，美国德克萨斯州大学 C. Bizon 等人[2]研究了三维系统中的颗粒振动情况，采用实验和计算机模拟来详细研究各种斑图是怎样形成的。他们发现，随着振动加速度和振动频率的改变，颗粒中会出现条纹状、矩形、六角形等不同形状的斑图(图 20－2)。

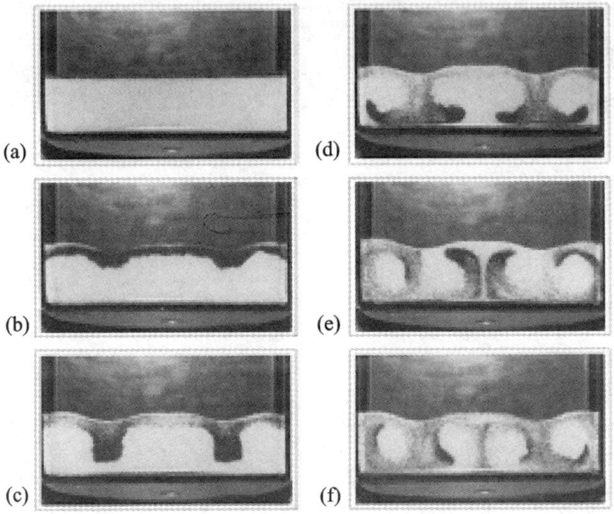

图 20－1　颗粒振动形成的对流[1]

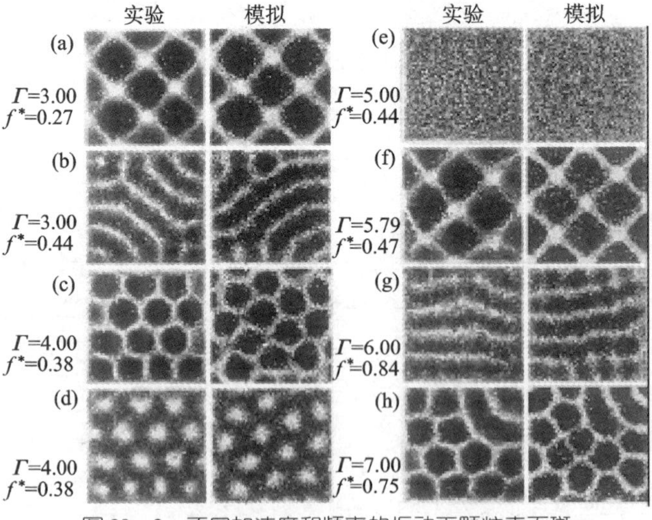

图 20－2　不同加速度和频率的振动下颗粒表面斑图的实验和计算机模拟结果[2]

与 K. M. Aoki 类似的颗粒振动试验中也出现了表面斑图现象[3]。首先将颗粒物均匀平铺于容器中，然后施加垂直方向的力使其上下振动。随着振动频率的改变，可以观察到颗粒表面会呈现出不同的规律图案。如图 20－3 所示，(a)长条状图案，(b)六角形图案，(c)平坦的颗粒面上有明显的一条节线，(d)四边形和条状同时存在，(e)六角形图案，(f)无序的表面图案。与此同时，T. 欣布罗(Shinbrot)等人[4]考虑了随机扩散和能量耗散的作用，忽略了重力、摩擦力的影响，建立了一个简单的模型来模拟相似条件下的颗粒斑图出现的过程，其模拟结果可以得到上述实验中出现的条形、六角形、三角形和一些其他图案(图 20－4)。作者也认为随机扩散和能量耗散可能是产生斑图的内在机理，与引起耗散和扩散的原因无关。

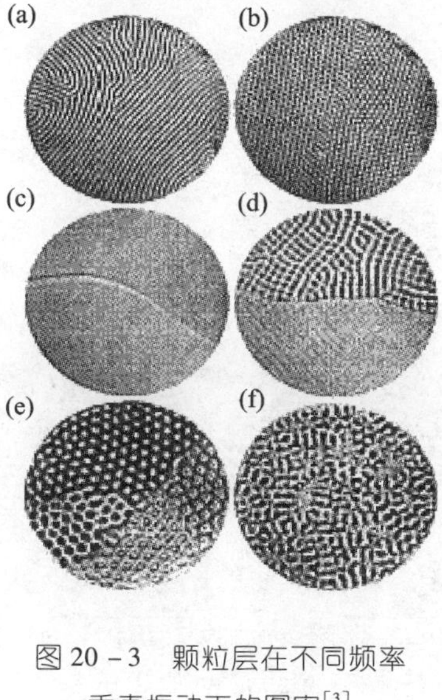

图 20－3　颗粒层在不同频率垂直振动下的图案[3]

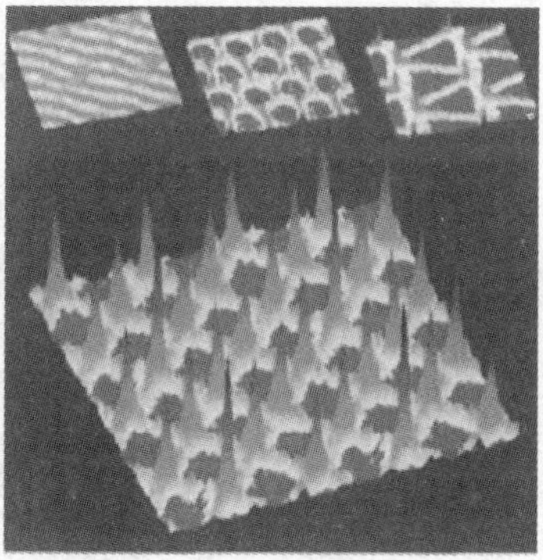

图 20－4　考虑能量耗散的颗粒斑图模拟结果[5]

自然界中，有如此多的颗粒表面斑图，那么这些斑图稳定性如何呢？2001 年，T. Shinbrot 和 F. J. Muzzio[5]通过一个简单的实验进一步说明了影响斑图稳定性的因素(图 20－5)。初始时，颗粒分布在一条直线的两侧，然后施加一个随机的脉冲，使得直线两侧的颗粒物质向外部扩散(见图 20－5(a～d))。那么两侧的颗粒物各有一半将向直线靠近，发生碰撞，在时刻 t 形成新的条带(见图 20－5(b))。之后，随着时间推移条带会逐渐消失(图 20－5(c,d))。因此，在脉冲周期接近 t 时，颗粒没有足够的时间扩散，便会形成条带斑图，并达到稳定。如果脉冲周期大于 t，由于横向扩散的影响，条带处于不稳定状态。相反，对于图 20－5 中(e～h)，颗粒初始分布在四个角落，在脉冲周期接近 t 时刻，颗粒到达网格上，在大于 t 时刻，颗粒逐渐聚集在中心位置，形成新的团簇。

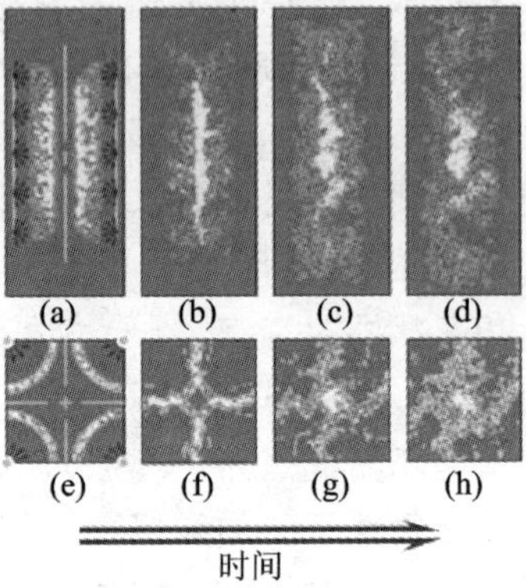

图 20－5　条形和方点阵斑图的稳定性[5]

上述颗粒从一种斑图到另一种斑图的转化，图案的产生都能在体系内找到反射、镜像或旋转对称。因此条带团聚和直线镜像对称有很大关系。而方形团聚在条带平移对称性破坏后产生，没有这些对称性便不会有周期的斑图，只会由于耗散形成团簇。事实上，出现如此美妙的不同类型斑图，还受很多条件的限制，如振动的频率、颗粒的粒径和密度、容器的大小等等。

那么，如果颗粒的粒径不一样，这种振动的结果又如何呢？人们在运输南美洲热带地区原产的一种果实——巴西果时就发现，经过长途颠簸后，大的果实总是浮在上部，而较小的果实则沉在了底部。人们就把这种颗粒物质受到竖直方向振动时，大粒子出现在混合物顶部，而小粒子沉在混合物底部的现象，称之为巴西果效应。注意：这与前面提到的沙波纹的“倒粒序”结构颇为类似！巴西果效应中大颗粒经过整体对流之后，也浮现在上部。这种现象源自于渗漏、几何重组和整体对流。图 20－6 为洪水后河床堆积的粒径垂直分布，就是自然界中典型的巴西果效应。而且，类似的现象在制药、化工和食品运输中同样存在。

是什么原因造成了这种颗粒分离呢？大家众说纷纭。渗透效应认为，大小不同的混合颗粒在振动作用下产生偏离平衡位置的移动，小颗粒能通过大颗粒移动时产生的空穴向下运动，从而不断抬升大颗粒，使大颗粒上升至颗粒床顶表面；"几何重构效应"认为：小粒子填充大颗粒下面产生的孔道而形成重组的微结构，并抬升大颗粒；"对流效应"认为：颗粒混合物在强振动条件下，对流携带大小颗粒从容器中央一同向上，到达表面后流向容器壁，在近壁处，由于大粒子没有足够的空隙返回至下，而小粒子则可以，从而导致大粒子留在表面。然而，这些理论仅仅是试图寻找更接近事实的描述来解释巴西果效应，都局限于一定的实验条件，迄今为止并没有确定的理论能够完善描述这一效应。

图 20－6　野溪河床堆积的垂直粒径分布（野溪发生洪水事件后，再发生土石流事件。虚线以上为土石流发生后的粒径分布，大颗粒在上层）[6]

当人们还沉浸在沸沸扬扬的讨论巴西果效应的形成机理时，反巴西果效应就闯入了科学家的视野。研究者通过实验发现，在不同的振动条件下，会出现大颗粒向下运动而小颗粒在上的"反漂浮"或称"反巴西果现象"。"反巴西果效应"存在的条件又是什么？研究人员通过不同密度的大球在不同尺寸颗粒床中振动的实验，系统地研究了大球上升和下降的规律。发现，颗粒间隙气体的存在是出现"反漂浮"的重要原因！只有当床颗粒的尺寸和大颗粒的密度足够小时，"反漂浮"现象才会出现。颗粒床内部的负气压以及颗粒直径，似乎就是神秘的巴西果效应和反巴西果效应的背后主谋！

此后，又有学者通过实验发现了另一种有趣的现象[7]。在一定条件下颗粒混合物还会形成“三明治式分离”，即大粒子位于容器的中部，小粒子位于容器的顶部和底部，且分离界限明显。“三明治”态是一种新的有序结构，它与“巴西果”效应不同。“巴西果”效应导致的两层结构不是唯一的有序结构。在振动加速度小时，出现“巴西果”分离；当加速度大一些时就出现“三明治”分层。有两种形成“三明治”的物理过程：一种是经过“巴西果”阶段；一种是不经过“巴西果”阶段。形成“三明治”的原因是颗粒体系的流化加剧造成上面的颗粒流动性增强，导致大而重的颗粒在上的两层结构变得不稳定。扰动会破坏这种不稳定结构，通过对流转化为稳定的三层结构，即三明治式分离。

图 20－7、图 20－8、图 20－9 即为不同实验条件下，得到的三种典型的颗粒分离现象。

图 20－7　巴西果效应[7]

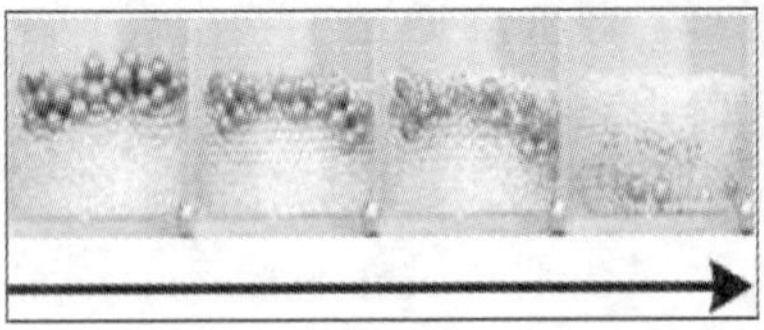

图 20－8　反巴西果效应[7]

图 20－9　三明治现象[7]

以上三种分离现象都是颗粒在垂直方向上发生的分层现象。然而，2005 年 T. Schnautz 等人[8]将单层粒状物质放在水平平动旋转的盘子中时，有趣的现象出现了：当圆盘以一定的转速水平转动时，大粒子向圆盘中心或圆盘边缘运动（图 20－10），这和“巴西果效应”有些类似，被称为“水平巴西果效应”。对水平巴西果效应与垂直巴西果效应的解释差别甚大。因为通过实验统计发现前者颗粒运动的方向依赖于大小粒子的密度比和粒径比，而与重力、粒子表面性质、间隙空气等无关。此外，还有学者将统计力学方法用到规格化的含广义势振动的颗粒体系中，建立了一个描述含广义势的振动颗粒体系的规格化模型。利用这个模型解释了单层水平振动颗粒系统中颗粒分离的现象，认为振动时颗粒的动能和广义势能相互制约、相互竞争，使得振动颗粒系统中不同性质的颗粒在空间中的分布概率发生变化，产生了颗粒分离现象。另外，进一步的实验还发现，当水平盘中大小粒子的密度比和粒径比变化时，还会出现与反巴西果效应类似的现象——经过水平旋转后，大粒子向圆盘中心聚集。同样，对这些现象的定量描述也缺乏有力的理论指导。

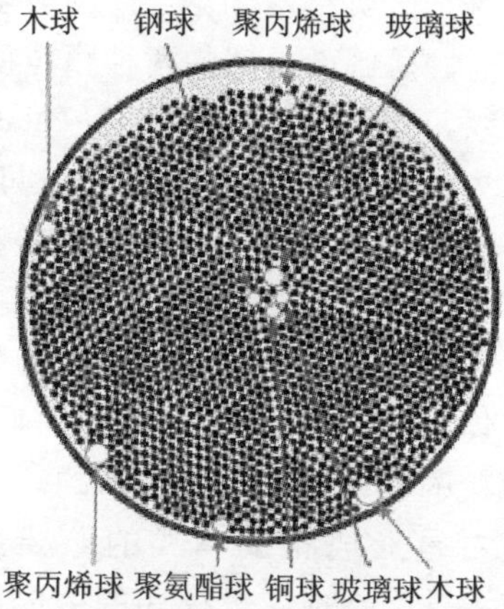

图 20－10　水平巴西果效应[8]

振动会使颗粒系统表现出美丽的斑图。若颗粒被放在旋转筒内，又会发生什么情况呢？首先，让我们看看下面这个实验：2006 年，英国曼彻斯特大学的 I. Zuriguel 等人[9]将装有不同粒径玻璃球的薄圆鼓立起来，并且让它以不大的角速度旋转，铝鼓的正面用玻璃做成，以便能清晰地观察鼓里面颗粒的运动情况。鼓中装有直径为 0.71 mm 的红色玻璃珠和直径为 0.12 mm 的白色玻璃珠。实验发现，当薄圆鼓里面的玻璃球约占薄圆鼓容积的一半时，薄圆鼓内部的两种颗粒便会发生分层，形成花瓣状的径向条纹，称之为“花瓣模式(Petal Pattern)”(图 20－11)。

两年后，赵永志等[10]利用离散单元法模拟了颗粒物质在滚筒内的花瓣形成和发展过程，指出了一定体积比例的二元混合颗粒体系、滚筒的转速足够的低、颗粒的装载量在容器容积的一半左右是形成花瓣模式的必要条件。认为造成花瓣模式的主要原因是大小不同的颗粒具有不同的摩擦角。

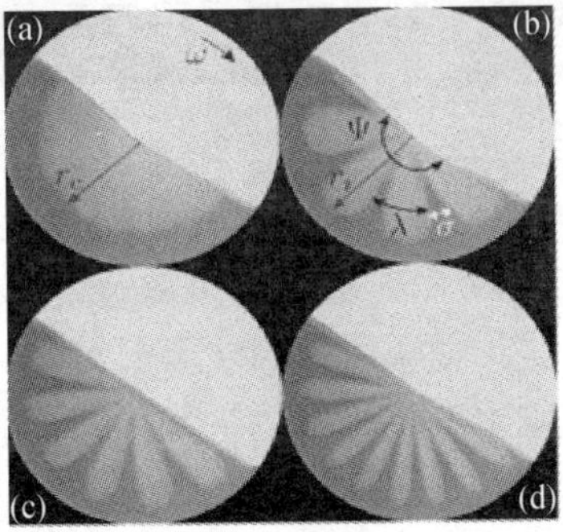

图 20－11　颗粒物在滚筒内分离为花瓣模式[9]

如果改变滚筒实验的条件，还会有更加有趣的现象。例如，增大滚筒的长度使其成为长滚筒，我们还会看到颗粒的径向分离和轴向分离。径向分离类似于巴西果效应与反巴西果效应。1986 年，Nityanand 等人[11]通过不同粒径的颗粒在滚筒内的旋转实验发现，在较低转速情况下，小粒子往较低层且靠近内圈的区域下沉，形成一圈由小粒子组成的核心(如图 20－12(a))。然而在较高的转速下，分离的模式会反过来，造成小粒子集中在四周外围而不是核心部分，由图 20－12(b)可以看到黑色小颗粒紧紧靠着转筒的壁面。实验结果表明粒径不同是引起滚筒内颗粒发生径向分离的关键因素。

如果小粒子在形成径向分离的核之后，继续保持原来的转速，小粒子径向分离形成的核最终会稳定地保持下去吗？还是要发生其他变化？2006 年，N. Taberlet 等人[12]通过实验和数值模拟得出，径向分离形成的核并不一定会稳定持续下去，还会发生更奇特的现象——产生轴向分离。这与滚筒的大小、颗粒的填充

(a) (b)

图 20－12　不同转速下不同大小的颗粒在滚筒内的分离现象[11]

率以及材料性质有关。此实验是在一个长 67 cm、直径 10 cm 的滚筒内装入粒径分别为 0.6 mm、1 mm、2 mm 的蓝色、黄色、红色颗粒。当滚筒旋转后不久，从滚筒底部观察到蓝色的小颗粒处在中心，依次被中等尺寸的黄色颗粒以及红色大颗粒包围，这便是径向分离(彩图 20－13(e))；继续旋转滚筒，其内三元混合颗粒将发生轴向分离(彩图 20－13(a～d))；在径向分离形成后，轴向分离形成前，红色大颗粒一直处于颗粒体系的外表(彩图 20－13(a)、(f))；当旋转一分钟后，中等尺寸的黄色颗粒首先突破了大颗粒形成的红色外表，从而在滚筒圆周上形成黄色条带(彩图 20－13(b)、(g))；继续旋转滚筒，蓝色小颗粒又将突破中等颗粒形成的黄色条带，从而出现蓝色条带(彩图 20－13(c)、(h))；最后达到稳定时，可以看到轴向分离会延伸到整个滚筒内(彩图 20－13(d))。通常情况下，对于直径较大、轴向尺寸较小的滚筒来说，会出现径向分离；而对于轴向尺寸较大、直径较小的细滚筒更容易出现轴向分离。

颗粒世界的奇妙有时甚至会使我们质疑一直所信赖的基本物理规律是否正确。例如，在运动的空间尺度和时间尺度上，液体中每个分子与整个系统相比要小许多量级。对这样的体系，我们常采用统计学的方法，不用对每一个水分子的运动进行计算就能解释水塘里的波动，也不需跟踪每一个气体分子的运动就能决定气体的气压。在颗粒介质中则不然，由于每个颗粒都足够大，重力与摩擦力的作用足以使温度引起的热涨落运动被忽略，这样的体系因此被界定为非平衡态体系。此时传统的平衡态统计力学不再适用，因此这类系统通常能展现出与直观非常不符的一些现象。实际上，自然界很多复杂系统由于能量耗散等因素通常都处于非平衡态，如何建立非平衡态系统的基本理论及相应的统计方法，这方面的研究已成为目前科学界的前沿课题之一，但迄今为止，我们对这方面的认识还远远不够。有时候，仅仅对于一盘散沙，我们都一筹莫展……

参考文献

[1] Aoki K M, Akiyama T, Maki Y, Watanabe T. Convective roll patterns in vertically vibrated beds of granular[J]. PHYSICAL REVIEW E, 1996, 54(1): 874 - 883.

[2] Bizon C, Shattuck M D, Swift J B, McCormick W D, Swinney H L. Patterns in 3DVertically Oscillated Granular Layers: Simulation and Experiment[J]. PHYSICAL REVIEW LETTER, 1998, 80 (1): 57 - 60.

[3] Melo F, et al. Hexagons, Kinks and Disorder in Oscillated Granular Layers[J]. Phys. Rev. Lett., 1995 (75): 3838 - 3841.

[4] Shinbrot T. Competition between randomizing impacts and inelastic collisions in granular pattern formation[J]. Nature, 1997, 389: 574 - 576.

[5] Shinbrot T, Muzzio FJ. Noise to order[J]. Nature, 2001, 410: 251 - 258.

[6] 杨凯钧，黄宏斌. 颗粒筛分现象与流体特征之关系

[J]. 农业工程学报, 2009, 55(4): 820 - 837.

[7] 姜泽辉, 陆坤权, 厚美瑛, 陈唯, 陈相君. 振动颗粒混合物中的三明治式分离[J]. 物理学报, 2003, 52(9): 2244 - 2248.

[8] Schnautz T, Brito R, Kruelle C A, Rehberg I. A Horizontal Brazil-Nut Effect and Its Reverse[J]. PHYSICAL REVIEW LETTERS, 2005, 95(2): 028001.

[9] Zuriguel I, Gray J M N T, Peixinho J, Mullin T. Pattern selection by a granular wave in a rotating drum[J]. PHYSICAL REVIEW E, 2006, 73 : 061302.

[10] 赵永志, 程易. 水平滚筒内二元颗粒体系径向分离模式的数值模拟研究[J]. 物理学报, 2008, 57(1): 322 - 328.

[11] Nityanand N, Manley B, Henein H. An Analysis of Radial Segregation for Different Sized Spherical Solids in Rotary Cylinders[J]. METALLURGICAL TRANSACTIONS B, 1986, 248(17B): 247 - 257.

[12] Taberlet N, Newey M, Richard P, Losert W. On axial segregation in a tumbler: an experimental and numerical study[J]. Journal of Statistical Mechanics: Theory and Experiment, 2006 : P07013, doi: 10. 1088/1742 - 5468/2006/07/P07013.

21 Chapter 鲜为人知的“力链”

大量固体颗粒在重力或外部激励作用下可以像液体一样发生流动，但在静止堆积时又表现出固定形状，如固体一般。由于其散体的本质，颗粒物质无论是在静止还是在流动时所表现出来的宏观奇特现象，都是与其内部粒子间的相互作用方式密切相关的。两个固体颗粒相互接触时，通常只会产生沿着接触面法向的排斥力和切向的摩擦力，然而，在整个颗粒物质内部，数量庞大的粒子间的作用力是如何传递的呢？

针对此问题，美国杜克大学的 Bringher 研究小组最早利用光弹实验法(photoelasticity)观测了颗粒物质内力的传递特征。在这类实验中，颗粒材料通常由具有双折射特性的透明材料(如环氧树脂等)做成，并将其置于偏振光场中。当颗粒系统受外部载荷作用或存在约束边界时，系统内相互作用的粒子相互挤压会产生变形，当用偏振光透射时，沿着两主应力方向的偏振光存在光程差，因此就会在这些由光弹材料做成的粒子上产生明暗相间的干涉条纹(图 21－1)。根据这些干涉条纹的分布特征，就可以确定受挤压而发生变形的粒子边界和内部各点的应力值；若通过简单的颗粒单点受压实验建立接触点处的干涉条纹个数与接触力之间的函数标定关系，则可以很直观地分析得到整个宏观系统内粒子间接触力的传递特征。

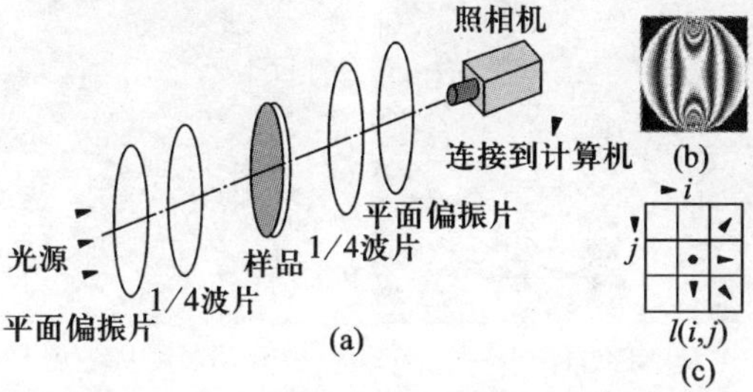

图 21－1　光弹法测试图及相应干涉条纹结果[1]

在离散颗粒系统内，各个粒子可以独立地移动，且粒子之间只有在接触点产生作用力，这种离散的特性导致系统内部粒子的受力是非常不均匀的。为了分析颗粒物质内部接触力的传递特征，研究人员[1]做了一个较为典型的光弹实验(实验装置见图 21－2)，将多边形的环氧树脂颗粒放在二维矩形容器内，其顶端受集中载荷作用。图 21－3 为光弹实验测量得到的结果，图中任意两个粒子之间的作用力都是用过粒子质心的连线表示，而线的粗细代表了相应位置处粒子间接触力的相对大小。首先，从图中可以看到，系统内受力较大的粒子会紧密接触并相互连接而形成一种链状结构，称之为力链(force chains)。我们会发现，在自重力作用下(见图 21－3(a))和集中载荷作用下(见图 21－3(b))颗粒系统内的力链分布是完全不同

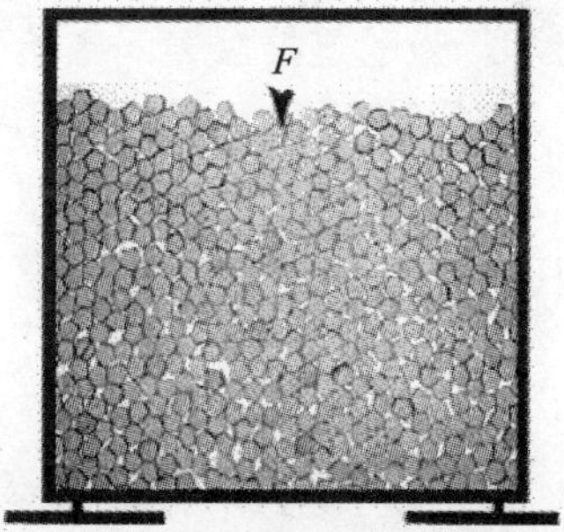

图 21－2　顶端受集中载荷作用的颗粒系统示意图

的，而且我们看到，整个系统内同时存在很多力链，各条力链之间相互交叉作用而组成了结构更为复杂的接触力网(contact force network)。

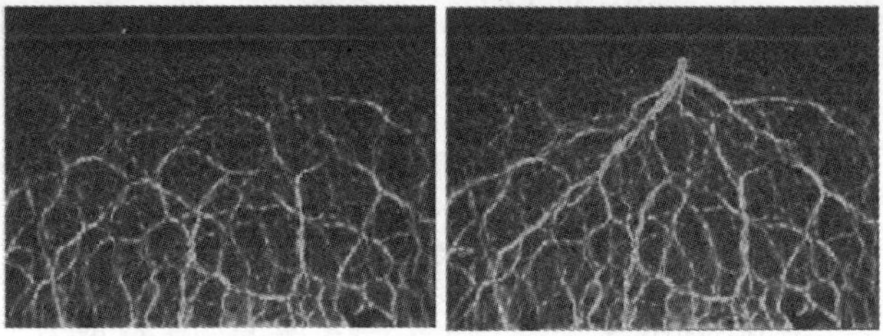

(a) 自重力作用　　(b) 顶端集中载荷作用

图 21－3　光弹实验测量结果

由于构成接触力网的接触力大小和方向的空间分布是非常不均匀的，因此有学者认为，真正决定颗粒物质宏观变形、流动等力学行为的是接触力网中承受较大作用力的强力链结构。一般来说，在颗粒系统内部，处于强力链上的颗粒会承受绝大部分的载荷，而处于弱力链或整个力链以外的颗粒受力很弱，甚至不受力。因此，颗粒系统中的强力链就像是一棵枝繁叶茂的大树躯干一样，支撑着整个系统大部分的重量和外部载荷。强力链上颗粒的任何局部或微小的位置变动都可能引起颗粒系统力分布发生很大的变化，甚至造成“蝼蚁之穴，溃堤千里”的惊人效果！然而，处于弱力链或不处于力链上的颗粒的位置变动，则一般不会对整个颗粒系统的稳定性产生明显的影响。

尽管二维光弹实验中可以观测到力链的存在，但是由于人们对其传力特性认识尚不深入，因此其定义目前还存在较大争议。Peters 等人曾给出了一个较为合理的定义：首先，力链必须是由 3 个及 3 个以上粒子组成的集合体；其次，处于力链中的粒子必须承受较大的应力(通常可假设粒子承受的接触力大于平均接触力)；最后，力链中的粒子排列必须具有准线性特性，即力链内粒子的主应力方向必须近似沿同一方向。基于此定义，作者也给出二维颗粒系统在简单轴向压力作用下内部的力链的分布(图21－4)。我们可以看出，基于此定义得到的力链在空间内分布非常不均匀。通过分析也可以发现，在强力网中(所有大于平均值的接触力组成的接触网)大约只有一半的粒子真正处于力链中，这也表明颗粒系统内强接触力网和真实的力链之间并不是直接对应的。

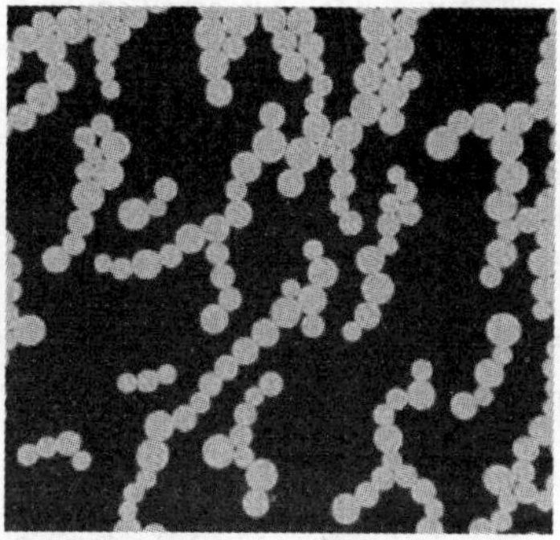

图21－4 受压颗粒系统内的力链分布[2]

如果了解了力链，那么解释颗粒物质的很多类固体现象就容易多了。比如沙堆是否稳定的问题，可以从图21－5给出的沙堆内沙粒间接触力的光弹实验结果来分析。从图中可以看出，从沙堆底部到其自由面，沙粒间的相互作用形成了一个稳定的链状结构，尽管其空间分布是不均匀的，但是可以确保沙堆处于一个稳定的状态。一旦沙堆的坡度大于其休止角或其局部受到扰动，其内部的力链会发生瞬间断裂，这样会导致沙堆表面的沙粒发生明显的崩塌或流动。经过一段时间后，若新的力链重新形成，则沙堆又会重新处于稳定状态。

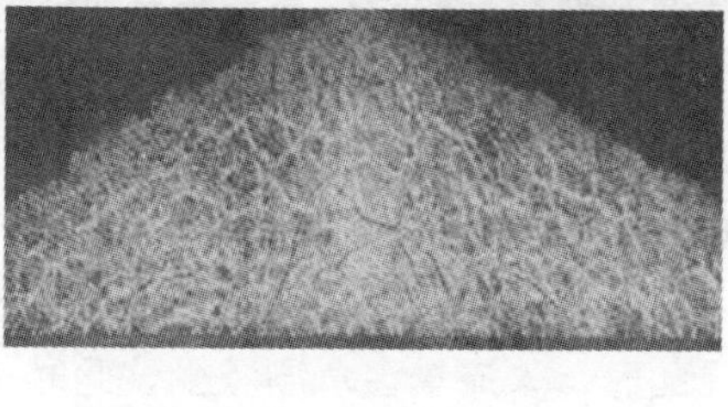

图21－5 沙堆中接触力链的分布

(图片来源:http://www.phy.duke.edu/~bob/)

成拱可以说是颗粒物质中粒子间力传递时所表现出的一种非

常特殊的现象。在颗粒系统内部，由于力链分布分形交织，因此力链之间或力链与边界之间会形成大量封闭的微拱结构，这些微拱结构可以承担较大载荷，而处于其内部的粒子受力很弱或基本不受力。在静态颗粒系统内，由于接触力链是稳定的，这种微拱结构大量存在，因此宏观的拱效应较为普遍。拱效应可以直观地用来解释沙堆中的压力凹陷现象，整个沙堆的重量通过大量的微观拱结构而分散到了底部的外围，从而导致其底部中心处的压力反而变小。

我们知道，液体的流动总是连续的，然而颗粒流，尤其是密集颗粒流却常常因为内部拱结构的出现而发生堵塞现象。例如，在管道颗粒流中，若出口较小，若干个粒子与容器壁相互作用会形成结构稳定的拱(见图 21－6(a))。拱一旦形成可以承受很大的载荷而不崩塌，就会导致颗粒流堵塞。拱有可能破裂，如果晃动一下，流动就会继续，直到下一次成拱现象的出现。实际上，颗粒流中拱的形成和破坏与其内部力链的形成和破坏是直接相关的。图 21－6(b)是漏斗出口附近的接触力链分布。可以看出，系统成拱并导致颗粒的流动发生堵塞，就是因为出口处的接触力链达到一个局部稳定的状态。颗粒由漏斗口流出的过程，就是拱在出口处不断破坏和形成的过程，这种过程直接导致了漏斗口流量出现相当大的波动。形成拱的条件取决于出口的直径与颗粒大小的比值、颗粒间及颗粒与管壁间摩擦力的大小，以及颗粒排列的紧密程度等。

成拱现象产生了所谓的“瓶颈效应”，这在我们日常生活中非常常见。例如，人群通过一个入口时，如果能有序的依次行进，就可以保持顺畅地通过，速度越快，人流量也就越大；而当人群开始拥挤混乱时，人流量会急剧减少，此时人群就好像发生成拱现象的颗粒一样，会牢牢卡在入口处。又如，公路上行驶的车辆，若相互保持一定距离，则交通流量很大。如果遇到一个狭窄的路段，则车辆密度增大而形成堵塞，流量立即减小，这些现

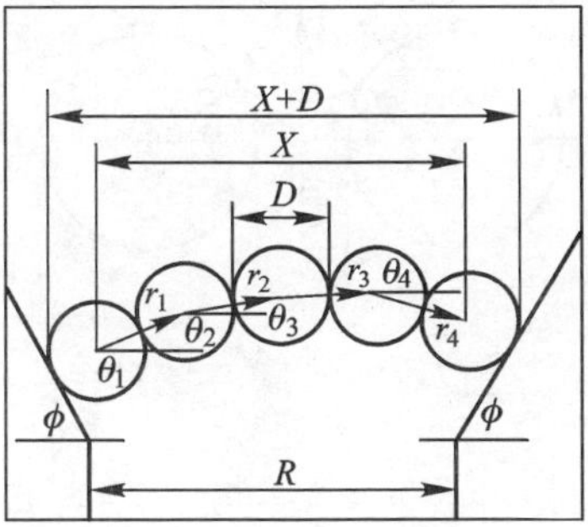

(a) 为出口处的拱结构

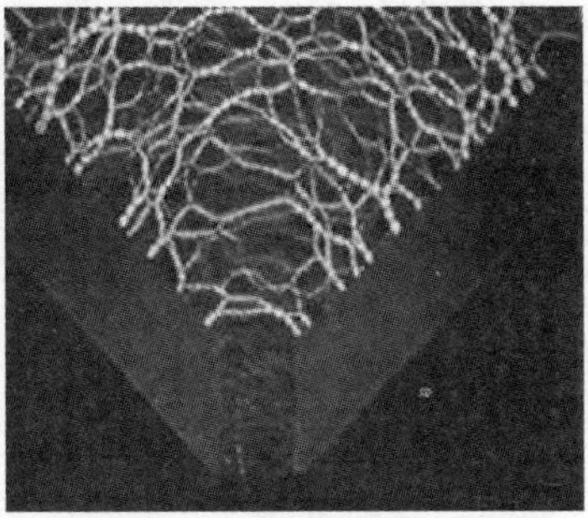

(b) 为内部的接触力链

图 21－6　漏斗颗粒流[3]

象都可以用颗粒物质中的成拱效应给出合理的解释。

干性颗粒物质内的粒子间通常不存在黏性力，因此必须将其放在容器内才能保持一定的形状。然而，若往其内部注入一定量的间隙液体，如水等，情况又会怎样呢？让我们先看一个沙雕的例子。沙雕是以沙和水为原材料的雕塑作品(图 21－7)，其中不添加任何化学黏结剂。其制作方法非常简单，先在模具内填入较细的沙子，再加入适量的水，通过不断地夯打使得沙子通过加入的水很好地黏结在一起，这样夯实的沙堆不仅黏结性能良好，同时具有容易雕刻、不易倒塌的特点，可以很方便地雕刻出形状各异、栩栩如生的沙雕作品来。为何在沙子中加入水会产生如此大的黏结力呢？原来当颗粒物质中加入一定量的水时(即使量很少)，颗粒间会产生如图 21－8 所示的液桥，这种微观液桥会使得颗粒间产生较大的表面张力和黏性力，从而导致颗粒系统表现出足够强的黏结效应和可塑性。颗粒散体材料的这种黏结效应在实际工程中也有着非常广泛的应用，如颗粒地基、土坯墙等。

图 21－7　沙雕

让我们再看一个基于颗粒物质传力特性的典型工程应用。我们坐火车时会发现，在铁轨和枕木下面通常会铺一层厚厚的粗砂砾或碎石（图 21－9）。也许有人会问，这样的路基稳定吗？答案是肯定的。铁轨下铺的碎石通常称为铁路道砟，这类材料由于棱角突出，相互间存在较大的摩擦力，就可以确保路基具有足够的稳定性。与此同时，铁轨下铺设这样的散体颗粒材料，除了透水性好、能减少火车经过时的振动外，主要作用是可以很好地分散火车经过时的高压力。当火车沿铁轨行进时，铁轨和枕木与地基之间的接触面积并不大，如果铁轨下没有道砟，铁轨和轨枕在火车经过时的高压力作用下会深深地陷进地基里去。当铁轨下铺设了道砟后，由于散体颗粒传递接触力具有明显的分形特征，铁路承受的压力会经过道砟分散传递输到一个相对很大的面积上，从而减小了压强，这样铁轨就不会陷进地基去了。

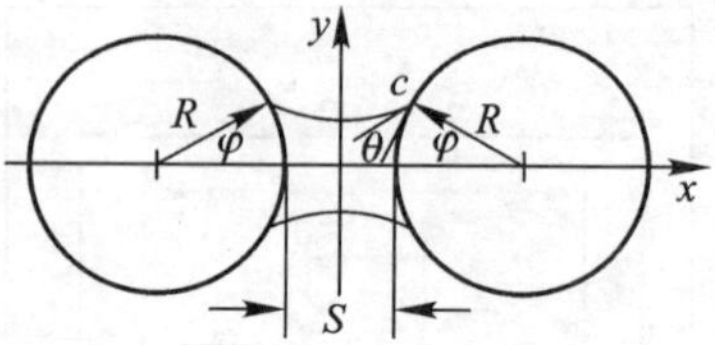

图 21－8　颗粒间的液桥

“月球是人类未来能源的仓库”，对于人类来说，探索月球最重要的任务就是能开发利用其储藏的资源。因此，月球表面或内部资源的勘测是探月工程中一个非常关键的环节。目前最重要的一种探测手段就是利用月球巡游探测器，也可称为登月车。然而，由于月球表面崎岖不平，有岩石颗粒，有陨石坑等（图 21－10），因此要保证登月车不打滑、不翻车，同时又能行走自如，这就要求对月球表面岩土颗粒层的结构及其力学行为有充分的认识和了解并在此基础上设计可靠的装置控制岩土颗粒层的各种复杂流动

图 21－9　铁路轨道下的散体道砟

模式，以确保登月车顺利完成探测任务而不会发生意外。此外，随着探月工程的深入，人类登陆月球后，栖息地或辐射屏蔽的场所都需要建立在月球的岩土颗粒层上，这就需要我们掌握外太空环境下岩土风化颗粒层的压力传递模式、非均匀变形及流动特征等。NASA 曾于 2004 年在肯尼迪航天中心专门召开了月球和火星探测中的颗粒物质力学专题讨论会[4]，旨在讨论和解决太空探测中与颗粒物质相关的一些关键科学问题。然而，不管是实验还是理论建模方面的知识，目前都是非常有限的，这对人类探测外太空来说将是一个非常严峻的挑战。

图 21－10　美国阿波罗 11 号拍摄的近距离月球表面

尽管人们已逐步认识到，在离散类的颗粒材料中，接触力的传递通常以类似于数学中拓扑结构的力链网形式存在，分布不均匀且具有复杂的分形特征。但是，如何合理和定量地描述这种力传递的特征，如何将看似抽象的力链网和实际颗粒物质的宏观力学行为建立起有效的联系呢？迄今为止，这方面的研究相对来说还是比较缺乏的。法国著名理论物理学家、诺贝尔物理学奖获得者 de Gennes 于 1998 年曾说过："颗粒物质显示了类固体状态和类液体状态，但对这两种状态的描述依然争论不休，我们对颗粒物质的认知相当于 20 世纪 30 年代对固体物理的认知水平"。离散类颗粒物质中接触力传递特征的进展或突破，也许可以从内在机制上对颗粒物质的很多独特现象给出合理的解释，同时也可能为颗粒材料的工程应用提供重要的理论依据。但是，迄今为止，我们在这方面的认识水平是非常有限的，也许还有很长的路要走。

参考文献

[1] Geng Junfei, Reydellet G, Clément E, Behringer R P. Green's function measurements of force transmission in 2D granular materials [J]. Physica D, 2003, 182 : 274 – 303.

[2] Peters J F, Muthuswamy M, Wibowo J, Tordesillas A. Characterization of force chains in granular material[J]. Phys. Rev. E, 2005, 72: 041307.

[3] Kiwing To, Pik-Yin Lai, Pak H K. Jamming of Granular Flow in a Two-Dimensional Hopper [J]. Phys. Rev. Lett, 2001, 86: 71 – 74.

[4] http: //www. marstoday. com/viewpr. html? pid = 15796

22 Chapter 一种特殊的苏格兰裙
——草方格

位于内蒙古自治区阿拉善左旗西南部和甘肃省中部边境的腾格里沙漠，南越长城，东抵贺兰山，西至雅布赖山，海拔1 200 m～1 400 m，面积约30 000 km^2，是中国的第五大沙漠。“腾格里”在蒙语里的意思为“天”，所以腾格里沙漠意指茫茫流沙如渺无边际的天空，即“天一般大的沙漠”。因被称为“东方金字塔”的古西夏国帝王陵园而名闻海内外。特别是20世纪中叶，我国包兰铁路的开通，使这片沙漠变得更加举世瞩目了。

原因之一是全长990 km的包兰铁路有140 km是在腾格里沙漠中穿行，火车不仅6次跨越向南侵移的腾格里沙漠，而且有长达27 km的路基就筑于这沙层深厚的沙漠上，是对铁路筑路的一个重大挑战。原因之二是在长达55 km的沙漠段，年平均降水量只有180 mm，沙丘高大，平均每年有84天都会刮起大风沙。风沙流会导致铁路路轨积沙(图22－1)，而移动的沙丘也有可能跃上铁轨，这些随时都会使铁路交通中断。但是，50年来包兰铁路畅通无阻，这都要归功于沿途治沙工程的建设，这一工程被誉为

"世界奇迹"，并荣获联合国"全球500佳环境保护奖"。

那么，究竟是采用什么办法能治住流沙，并保证铁路在沙漠地带的畅通呢？除了铁路沿线已经营造的宽7.36 km的护路防沙林带——铁路的绿色屏障外，固沙护路的工程技术人员还给铁路两旁的沙丘穿上了一条美丽的苏格兰方格裙！不过，这条美丽的苏格兰方格裙可是用草秸做成的呦！早在1956年，筑路之初，一支固沙护路队伍就开进了大沙漠。1962年，又专门成立了治理沙害的铁路固沙林场。工程技术人员将麦草截成30 cm长短，扎成1 m左右见方的草方格，将麦草高度的三分之二埋入沙中，地表留下三分之一。正是这简单易行的草方格，如同在沙丘上织出的大网，把沙丘网住(见图22－2)。使随风流动的沙粒落下后，困如囚徒；而随风飘来的草籽和树种落到此处，借助草方格的遮挡，安家落户，由此固住流沙，与防沙林带一道挡住了沙漠的入侵，保障了铁路的畅通，也书写出一段人类征服沙害的伟大创举。

图22－1　护路人员在清理积沙

图22－2　包兰铁路沙坡头地段

其实，草方格沙障是由苏联的学者彼得洛夫引入中国的，但由于我国沙漠化形势十分严峻，经过了我国治沙人员的反复试验以及当地群众的集思广益，目前除了用麦草外，用于组成方格的材料还有秸秆、砾石、黏土以及尼龙丝网等(图22－3)。麦草方格的作用是先阻沙后固沙，它一方面大大降低了沙丘表面的可风

图 22－3　砾石方格、土工编织袋方格、葵花杆方格、尼龙丝网方格，作者拍摄于民勤县

蚀面积，使得处于麦草掩盖保护之下的流沙难以从地表起跳；另一方面由于出露草头部分在风力作用下很可能发生大变形和摆动，进而消耗了来流风场的部分能量，使得作用于地表的风动量减小。除此之外，如在铺设完的草方格内栽植一些沙生植物和灌木，如梭梭、盐爪爪和红柳等，那么草方格还会起到一定的保水作用，并在麦草腐烂后提供一定的有机质，使得格内的植物相对容易成活并生长，这样就会使沙地的生态环境逐渐得以逆转。这种措施的确是有效的！如果您有机会去甘肃省民勤的老虎口沙区，您会看到 7 万亩用不同材料铺成的固沙方格，而且您也会看到那一簇簇根植于格内在风中挺立的梭梭，这就是被民勤县政府誉为典范的治沙展示长廊(图 22－4)。那可真是名副其实的“沙漠地毯”呀，使人感到震撼和感慨，并由衷的敬佩当地人民不屈

不饶战天斗地的精神！

图 22－4　草方格中生长梭梭，作者拍摄于民勤县

草方格固沙的机理是通过麦草等材料的铺设增大沙地表面的粗糙度——削减风力，使之无力携走疏松的沙粒。根据流体理论，当地表粗糙度增加后，贴近地表的风速减小，进而来流风场挟沙的能力得以降低，沙子就不那么容易起来了。有资料显示，设置草方格沙障后，沙地的粗糙度会比流沙区增加几百倍[1]。根据这一固沙机理，草方格沙障铺设的尺寸，如方格边长和出露草头的高度就非常关键了。当然，如果仅从固沙效果考虑，草方格的边长应该是越小越好，但由于铺设范围大，铺设的成本又成为一个必须考虑的因素。显然，不同的风况（如风向和风速的年变化），不同的地表（如沙颗粒的粗细和地表的起伏等）等都会影响固沙的效果和草方格的寿命，图 22－5 所示的就是草方格被流沙掩埋的情况。因此，草方格尺寸的合理设计成为一个关键问题。一般来说，在粗颗粒地表和小风地区，草方格的边长可以比细颗粒大风地区的稍大一些；如果主风有两个或两个以上方向，并且彼此垂直，则考虑用格状沙障，而对只有一个主风向的地区，则可采用条带状的铺设来代替方格铺设（图 22－6）。比如沙坡头的风属于多风向，有西北风、东北风和南风。在刚开始铺设草方格的 1958 年，采用的边长为 2 m×3 m，固沙效果不理想。到了 1964 年，考虑到不同沙丘类型和不同地段风沙移动的差异，因地制宜、因害设防，在靠近铁路两侧流沙危害较大的地方，采用 1 m×1 m 规格的草方格；在离铁路较远，流沙对铁路危害相对

较小的地方，规格稍大，多为 1 m×2 m 的草方格。这些铺设方案[2]大多是经过实际反复试验总结而来的。

图 22－5　被流沙掩埋的草方格

图 22－6　条带状麦草沙障

对草方格尺寸进行优化设计的问题实际上是一个相当复杂的力学问题。首先，即使是在平稳来流的情况下，要准确计算出草方格区域的流场分布都十分复杂，更何况实际的来流是不平稳的。其次，出露草头部分在风力作用下会发生较大幅度的摆动，出露草头的运动与风场分布相互影响，即草头在风场的作用下摆动的同时，又会反作用于风场。除此之外，大风时格内的沙粒也会运动，来流气流中的沙粒会有沉积和反弹等。即便不考虑草头形状的不规则性，也还有动边界问题、流固耦合问题、非平稳过程问题等等。对此，即使能给出这一问题的数学描述，目前也很难给出严格准确的求解。

为了给出便于推广和应用的理论结果，郑晓静研究组基于流体力学方法，对草方格尺寸的设计进行了研究[3]。她们把这样一个复杂的问题用单排理想涡列模型描述，即在每一个相距为 l 的草带的中心处，即 $(x,y)=(\pm nl,0)$，$n=0$，± 1，± 2，$\cdots$ 放置一个强度为 Γ 的理想涡（图 22－7），将格内沙面取为沿轴正负方向均无限延伸的一条连续的流线，构成一个单排涡列。另外，根据野外观

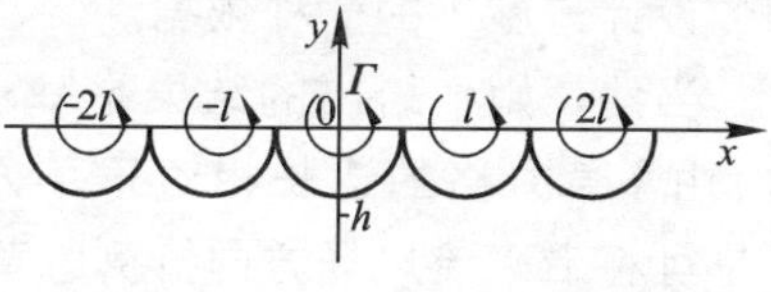

图 22－7　模型示意图

大众力学丛书

测的结果，草方格在经过一段时间后，格内的平面会成为凹曲面（图22-8）。这是因为当风沙流经过新设置的草方格沙障时，在其内部会产生旋涡，格内还是会起沙的。但是，经过一段时间后，当格内沙面最高点处圆弧的弦切角为干沙的休止角后，即使当强气流经过时，格内沙面也并不起沙，从而达到固沙的目的。对于草方格而言，稳定时刻的极限情况是凹曲面的最高处与草头

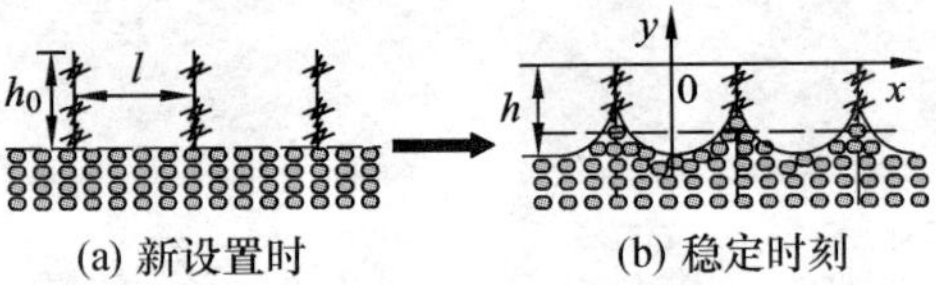

图 22-8　草方格沙面形成示意图

高度相齐。这样，由不可压缩流体的连续性方程、描述强度为 Γ 的单排理想涡列的复势函数和草方格沙障的特征参数之间满足 $\lambda_0 = h_0/l$。将最接近这一时刻的曲面的流线所得到的草方格边长作为最大值，得到草带间隔内的旋涡强度与沙障间距的关系 $\Gamma = -2u_\infty l$ 和草方格沙障间距 l 的最大值与草头高度 h_0 的关系 $l_{max} = h_0/(\lambda_0)_{min} = 5.388h_0$，其中，$u_\infty$ 为远离地面处的风速。如果将草方格的草头高度取为 13 cm，则由公式给出的草方格边长大约为 70 cm，与由中国科学院沙漠所的研究人员长期试验给出的边长为 75 cm 的结果很接近。同样可知，当草方格的草头 $h_0 = 18 \sim 20$ cm 时，草方格边长 l 的最大值大约在 97 cm 与 108 cm 之间，这与塔里木沙漠石油公路防沙工程中，依据长期实践摸索得到的芦苇沙障的最佳设计间距 $l = 100$ cm 基本一致。这进一步说明她们建立的理论模型和分析方法是可行的，因此可以作为草方格沙障的设计与施工的一种依据。

当然，她们给出的结果是基于对实际情况的假设，主要有：（1）由于草方格的边长相对于草方格沙障铺设的区域要小得多，于是可将沿来流风场方向排列的草带视为无穷长，这样可将草方格附近流场的分析按二维问题处理；（2）由于草方格设计的理想

目标是在气流作用下格内沙粒不离开格子，因此可假设在沙面形成过程中，经过草方格防护区域的气流的含沙量为零。这样就可将来流风场处理为净气流和无黏不可压流体；(3)假设达到稳定后格内沙面具有流线型，这样不仅流线沿壁面不发生分离，而且流体对地面的拖曳力为零。显然，这些假设是基于草方格固沙效果良好的理想情形。基于这些基本假设，实际流场就可以简化为无外力作用下的理想流体在平坦地表上方半无限空间内的二维层流流动。

然而，实际情况是草方格的寿命是有限的，通常为5~6年，导致草方格的固沙效率随着铺设时间的增加会逐渐降低。由于进入草方格固沙带的沙量往往会大于离开草方格固沙带的沙量，导致草方格的草头出露高度逐渐降低，外露的草量也同时减少，草方格沙障粗糙度逐渐减小，固沙、阻沙功能减弱。当草方格被淤积的只剩下麦草的残枝孤茎时，消能作用急剧减小，对贴地气流的影响甚微，不足以降低地表风沙流的强度，使沙子沉积在格内，风沙流则顺利过境，不再沉积，草方格沙障就失去了其防沙功能。草方格沙障防沙功能的衰退过程实际上也是草格沙障逐渐被积沙埋没的过程。另外，不同地形条件下，草方格固沙带的阻沙效果也有所不同。风洞实验[4]表明，在迎风的上坡面，草方格沙障的阻沙能力较之下坡面明显降低。同时，草方格沙障内的积沙也具有不均匀性，但总体上积沙还是沿风向呈整体向前推进的趋势。因此，在草方格的维护工作中特别要注意的是那些首先积满沙的部分，对这部分的草方格需要及时更新，以维持整个体系的阻沙功能。

参考文献

[1] 朱震达，赵兴梁，凌裕泉，等．治沙工程学[M]．北

京：中国环境科学出版社，1998，96－116.

[2] 中国科学院兰州沙漠研究所沙坡头沙漠科学研究站. 腾格里沙漠沙坡头地区流沙治理研究［M］. 银川：宁夏人民出版社，1980，27－48.

[3] 王振亭，郑晓静. 草方格沙障尺寸分析的简单模型［J］. 中国沙漠，2002，22(3)：229－232.

[4] 刘贤万. 草方格沙障的风洞实验［A］. 流沙治理研究（二）［M］. 银川：宁夏人民出版社：1988，326－334.

23
Chapter

结　皮

——势单力薄的防护层

在干涸的河床上、反复灌溉的土壤地表以及长期未经翻耕的枯枝落叶覆盖的树下，我们都会看到一层板结的硬壳，它被称为结皮。比起煮牛奶或豆浆时在表面形成的膜，它更硬、强度更好，但韧性很差。土壤上方的结皮为其下层的颗粒添加了一个隔离层，一方面保护了其下层土壤免于暴露在空气中，兼具保持湿度以及增加有机物含量的功能，另一方面也减少了土壤颗粒的扬起和流失。自然界中的土壤结皮到处可见，大致可分为生物结皮和物理结皮两类。

生物结皮是由藻类、地衣、苔藓、地钱、小型真菌和细菌等微生物与表层土壤形成的一种壳状有机复合体，其厚度一般在 10 mm 以下，具有一定的抗机械干扰能力。它的形成使土壤表面在物理、化学和生物学特性上均明显不同于松散沙土，具有较强的抗风蚀、水蚀功能，有助于植物种子的固定与萌发，对植被恢复具有重要的意义，也是干旱荒漠地区植被演替的重要基础。生物结皮中有着发达的菌丝和结实的生物假根（图 23－1），其下表面的微观结构为沙粒与有机物及其代谢物的紧密结合，能有效地束缚沙粒的流动，从而起到固沙、减少荒漠地表的风蚀和水土流失、改善土壤理化性质、增加土壤有机质含量的作用，有沙漠上的“生物地毯”的美称[1]。然而，自然条件下的生物结皮分布是不连续的，结皮边缘裸露沙面容易风蚀，形成风蚀坑，导致生物结皮塌落，使得固定沙地活化。所以，保持生物结皮层完整性是提高结皮抗风蚀能力的前提。

图 23－1　生物结皮及其显微结构

物理结皮又称为土壤结皮，是指在雨滴冲溅和土壤黏粒理化分散作用下，土表孔隙被堵塞后形成的，或挟沙水流流经土表时细小颗粒沉积而形成的一层很薄的土表硬壳(图 23－2)。土壤质地是影响土壤结皮形成的最重要因素，粉粒含量和有机质含量越高越有助于结皮形成，土壤的矿物质、交换性离子以及土壤溶液的电解质浓度对土壤结皮形成也有影响。此外，地表坡度比较平缓处形成的土壤结皮较为稳定。野外调查发现，在广袤的沙漠，尤其是没有植物生长的沙区，很难看到土壤物理结皮，更谈不上微生物结皮。而在沙漠边缘人工固定或者有植物生长的地带，土壤物理结皮广泛发育。目前，对于土壤物理结皮形成的认识还不够全面。比如结皮形成的临界判定条件，以及在不同时间序列中

图 23－2　武威黄羊川水库干涸

描述土壤结皮的动态特性等，都是亟待解决的问题。

图 23 – 3　沙土表面的物理结皮

能不能用人工的办法来形成结皮，从而治理流动的沙漠呢？答案是肯定的。19 世纪 50 年代，在修建包兰铁路时，为防止流沙掩埋铁轨，治沙队员们采用的是在草方格中种植灌木的方法。没想到，种下的灌木几年后由于缺水渐渐枯死了，但在死掉的灌木丛下面却有一层灰黑、灰绿色的结皮——生物结皮形成。正所谓“**有心栽花花不开，无心插柳柳成荫**”。同样，上世纪 30 年代初，沙漠中的钻井和勘探人员为了防治风沙危害，采用原油喷洒周围的沙丘以保护井架、设备和人员的安全，从此原油固沙就成为人们控制流沙的一种手段。受其启迪，人们不断进行新的固沙材料的研制，提出了石油产品固沙液、无机材料固沙液、高分子材料固沙液和有机合成固沙液等，这就是化学固沙——将化学材料喷洒在流沙表层，使其表面形成覆盖层或渗入表层沙中，形成黏结层——化学结皮，从而防止风力对沙粒的吹扬和搬运，达到防沙治沙的目的。

化学固沙可以进行机械化施工，简单快速，固沙效果立竿见影。适宜于缺乏工程固沙材料和环境恶劣、降雨稀少、不宜使用生物固沙技术的地区，尤其是能够迅速解决紧急情况下的流沙治理。主要应用于气候干旱少雨，地下水资源开采困难，流沙危害比较严重的沙漠地区，特别是在一些交通沿线及沙漠内部的军事要地、工矿基地附近。有条件的地区还配合植物治沙，比如利比亚用化学治沙配合栽植阿拉伯胶树和桉树，近年来已用石油产品固沙营造起一条 50 多公里长的林带。但是，化学结皮的固沙原理比较复杂，它不仅与沙粒性质，如粒径和沙粒强度等有关，而且与化学治沙液本身的物理化学性质，如分子结构、分子大小、黏度、吸附力等有关。化学固沙研究历史不长，手段不成熟，基础理论还不完善，生产施工设备比较落后，尤其是材料成本比较高，只有经济实力比较雄厚的国家和处理特殊条件下沙害治理时才可能不惜成本地采用。因此，到目前为止，化学固沙的大规模应用还未实现，仅能在部分地区作为植物治沙措施的先行措施。

无论哪一种结皮，对流沙的保护作用和抗风蚀作用都是不言而喻的。地表沙粒黏附在一起形成的固结层有效保护了其下的松散沙土免于强风的作用，因此大大提高了地表起动风速。风洞实验表明，在 25 m/s ~ 30 m/s 的风速下，生物结皮和化学结皮表面均没有风蚀现象[2]。然而，人类活动，包括放牧等，都有可能对完整的结皮造成踩压破坏。风沙流中携带的沙粒对结皮的冲击和磨蚀，也有可能会破坏结皮。为此，需要定量描述固沙结皮的变形、塌陷及破坏过程，并估计结皮防沙固沙、抵抗破坏和侵蚀的能力，包括化学结皮的合理设计等，这些与结皮的力学性质有关[3,4]。

如果将跃移冲击影响范围内的结皮处理为力学中的板，将结皮下方的土壤处理为某种地基，结皮在风沙流中的沙粒冲击下的破坏问题就变成了地基板在外加载荷作用下的变形与破坏这一典型的力学问题了。这里的外加载荷就是风沙流中的沙粒冲击结皮时的作用力，它不仅具有与结皮表面垂直的冲击力，直接对结皮构成威胁，而且水平方向的碰撞力以及沙粒的旋转(图 23 -4)都会导致对结皮的磨蚀，也是结皮破坏的重要因素。

在利用力学原理计算结皮所能承受的风沙流强度时，需要知道一个与结皮变形和破坏有关的材料参数，这就是结皮的弹性模量——在外力作用下产生单位弹性变形

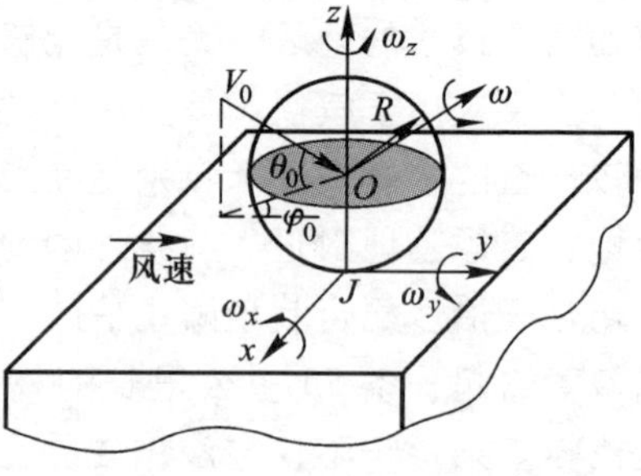

图 23 -4　沙粒 - 结皮碰撞示意图

所需要的应力，它是反映材料抵抗弹性变形能力的一个重要指标，相当于普通弹簧中的刚度，其值越大，使材料发生一定弹性变形的应力也就越大。确定材料弹性模量的方法有很多种，常见的是对由所测材料制成的试件进行单向拉伸实验或弯曲实验，由此获得的应力-应变关系曲线初始直线段的斜率即为该材料的弹性模量。由于结皮十分脆弱，采用常规测量弯曲与拉伸的实验装置，很难避免其端部由于用夹具夹紧而造成的破坏。于是，郑晓静课题组因陋就简，将野外结皮制作成的试件在图 23-5 所示的

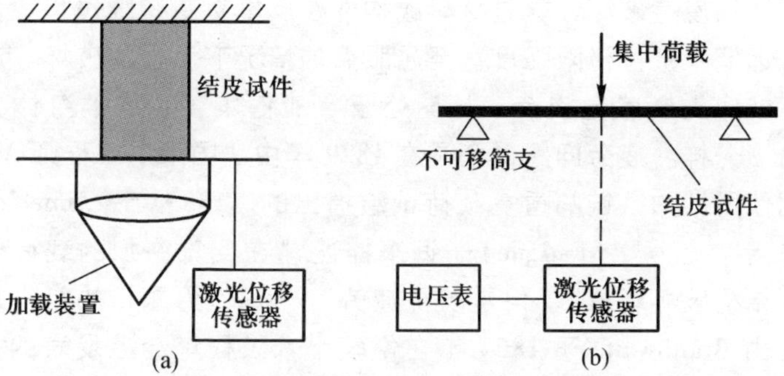

图 23-5　结皮拉伸和弯曲实验示意图

装置上进行拉伸和弯曲试验，其中所施加的拉力由在锥形容器中缓慢增加沙粒来实现，并用激光位移传感器记录位移[5,6]。由此测量得到的沙坡头地区野外结皮的弹性模量 E 大约为 0.16 GPa，最大应力的变化范围为 30.0 kPa ~ 42.8 kPa。该研究组还将水溶性高分子黏合剂与沙坡头沙漠天然混合沙分别以 3∶100 和 5∶100 的混合比例制成人工化学结皮，在不同载荷下得到的弹性模量分别约为 0.240 GPa ~ 0.279 GPa 和 0.245 GPa ~ 0.268 GPa，远小于工程结构材料的弹性模量(碳钢的弹性模量约为 200 GPa)。她们的研究发现，尽管黏合剂与沙的比例对结皮的厚度有较大影响，但对结皮的弹性模量的影响不大。

在获得结皮的弹性模量后，根据弹性地基板的理论，可以建立单颗沙粒冲击结皮导致破坏所需的临界撞击速度。要破坏厚度

为 0.1 mm 的结皮，沙粒的冲击速度大约为 2 m/s，这种冲击速度在实际风沙流中还是比较普遍的。然而要破坏厚度为 4 cm 的结皮，沙粒的冲击速度至少为 20 m/s，这几乎不可能达到[6]。对生物结皮做硬度实验也显示，结皮不可能被跃移沙粒破坏。但是，风洞实验发现，如果风沙流持续足够长的时间而风速略大于起动风速，生物结皮就会被跃移沙粒破坏。也就是说，对结皮破坏的分析仅从沙粒的冲击考虑是不够的，还应该考虑大量沙粒对结皮的反复冲击和磨蚀，即疲劳破坏。

所谓疲劳破坏，就是材料或构件在反复交变荷载作用下，在应力远低于抗拉极限强度甚至屈服点的情况下发生的破坏。这种破坏就像人会感觉疲劳，长期处于“亚健康”状态的身体会导致崩溃一样。疲劳问题最初是在 1829 年由法国采矿工程师 Albert 根据他所做的铁链的重复载荷试验提出的。1839 年，Poneelet 首先采用“疲劳”（Fatigue）一词来描述“在反复施加的载荷作用下的结构破坏现象”，但是以“疲劳”一词作为题目的第一篇论文是由 Braithwaite 于 1854 年在伦敦土木工程年会上发表的。在第二次世界大战中，发生了多起飞机疲劳失事事故，人们从一系列的灾难性事故中，逐渐认识到疲劳破坏的严重性。同样，在金属、路面及混凝土等工程破坏中，疲劳破坏也较为普遍。就金属结构而言，包括飞机、车辆等各类结构在内，大约 80% ~90% 的破坏事故和疲劳有关。土建结构所占的比重虽然不大，但随着焊接结构的发展，焊接吊车梁的疲劳问题已十分普遍，受到了工程界人士的重视，也是力学研究中的一个关键问题和难点问题。

对结皮而言，一次或若干次沙粒的冲击可能不会导致结皮的破坏，但经过日积月累后，情况可能就不相同了。因此，如果把跃移沙对结皮的连续冲击看作是一种定常的静载荷，那么结皮的蠕变行为对描述结皮的寿命和破坏原因就非常重要了。与结皮变形和破坏有关的另一个主要材料参数是结皮的蠕变——在外力作用下产生的变形随时间的变化规律，它是反映材料寿命和疲劳破坏的一个重要依据。生物结皮和化学结皮的弯曲实验发现[5,6]，当外力不变时，结皮的挠度会随时间呈现出迅速增加、平稳缓慢增加和迅速变大这三个典型阶段。从实验开始至结皮试件发生断裂破坏一般需要几个小时。衡量材料的蠕变行为，可用材料蠕变本构关系 $\dot{\varepsilon}=g(t)\sigma^n$ 中的蠕变函数 $g(t)$ 来描述，这里，公式的左边表示材料蠕变时的应变随时间的变化率，σ 是材料内的应力，n 是一个常数，t 表示时间。郑晓静课题组对化学结皮实验得到的蠕变函数 $g(t)$ 可表示成

$$g(t)=\frac{7.153\times10^{-3}}{E}\left(1-\frac{a_2}{w_{e0}}\right)\left(1+\left(\frac{t}{72}\right)^{0.515}\right)^{-2}\left(\frac{t}{72}\right)^{0.485},$$

其中 E 为材料的弹性模量，w_{e0} 为图 23－5b 结皮中点的挠度，a_2 是一个大小约在 0.001～0.003 之间的常数[6]。一般而言，无论是生物还是化学结皮，其蠕变在室温下即可发生，而大部分金属材料在其熔点的 30% 左右蠕变才比较明显，比如，铁的熔点温度为 1 530 ℃，其蠕变温度为 629 ℃。陶瓷材料则需要在其熔点的 40%～50%，而单相的钛化物陶瓷，温度达到 1 000 ℃左右时才有蠕变变形。

此外，天然结皮的组成及黏结物质的分布会造成结皮强度的空间变化。当跃移沙粒打在强度较弱的区域时，如果冲击力超过了颗粒间的黏合力，将会造成结皮的破裂，并溅起更多沙粒，造成下游结皮的破坏。在模拟结皮退化时，为考虑空间变化，结皮强度通常会被表达成概率密度函数。结皮强度的概率密度函数是使用针入仪（penetrometer）在结皮表面不同位置处所测得的最大荷载来确定。从风沙流的研究得知，跃移沙粒对地表的冲击也只能以概率来描述，因为单个颗粒的冲击速度是随机的。因此，以概率方法来研究结皮的破坏（如图 23－6），认为只有在沙粒轰击能量和结皮表面强度两个概率分布曲线叠合的部分才会导致结皮破坏而发生风蚀，这对结皮研究是一种新的观点[7]。

目前，对结皮性能的定量研究还仅仅是刚开始。一方面是因

为结皮本身的复杂性使得对它的研究和认识还有很长一段路要走；另一方面，力学工作者对这类问题的关注远远不够，以往大多是生态学家和地学家对结皮的描述性研究。尽管在稳定生态、保护地表免受风蚀方面，结皮发挥着重要作用，但它的脆弱使得它在人为干扰（如放牧、火烧、踩踏等）以及严酷自然环境（强风沙流、干旱和昼夜较大温差）的影响下很容易发生退化和破坏，往往一脚下去它就会“零落成泥碾作尘”，而破坏后的恢复则是一个漫长的过程。

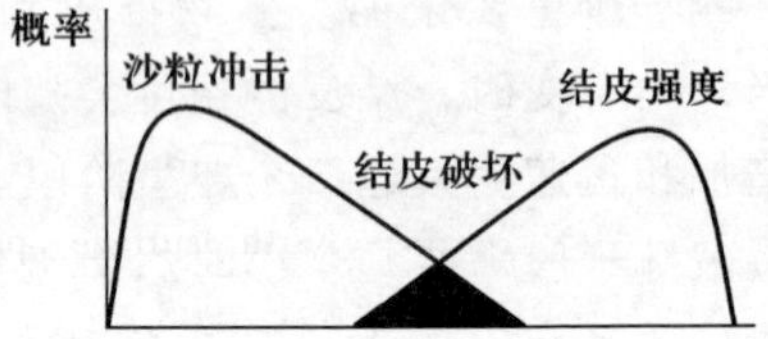

图 23－6　跃移冲击对结皮破坏的概念模型

由此可见，有关结皮的研究涉及多场耦合作用和时空的多尺度和非线性，这既是一个材料的力学性能问题，又是一个结构的强度和破坏问题，其中也有着化学和生物过程。因此，千万别觉得结皮太“土”，其中的力学问题可是很有科学研究的前沿性哦！

参考文献

[1] 陈玉萍. 魏江春院士谈“沙漠生物地毯工程”[J]. 科技创新与品牌，2009，1：6－9.

[2] McKenna Neuman C，Maxwell C D. A wind tunnel study of the resilience of three fungal crusts to particle abrasion during aeolian sediment transport [J]. Catena，1999，38：151－173.

[3] Bowker M A，Belnap J，Chaudhary V B，Johnson N C. Revisiting classic water erosion models in drylands：The strong impact of biological soil crusts[J]. Soil Biology &

Biochemistry, 2008, 40(9): 2309 – 2316.

[4] McKenna Neuman C, Maxwell C D. Temporal aspects of the abrasion of microphytic crust under grain impact[J]. Earth surface processes and landforms, 2002, 27: 891 – 908.

[5] 邱兆国，郑晓静. 化学固沙结皮力学性能的研究[J]. 应用力学学报，2006，23(2)：325 – 328.

[6] 王振亭，郑晓静. 关于跃移沙破坏生物结皮时的临界速度的理论分析[J]. 力学学报，2005，37(3)：313 – 316.

[7] Rice M A, McEwan I K, Mullins C E. A conceptual model of wind erosion of soil surfaces by saltating particles [J]. Earth surface processes and landforms, 1999, 24: 383 – 392.

24 Chapter 沙尘暴与挡风墙

2006年4月9日，对于乘坐从乌鲁木齐驶往北京的T70次列车的旅客来说，绝对是惊心动魄的一夜！那晚7时许，当列车行至距离乌鲁木齐333 km的小草湖车站至红层站段时，一场特大沙尘暴突然袭来，沙尘裹挟着乒乓球大小的石子噼里啪啦地打在车体上，黑暗中，长长的列车犹如行驶在大海中的小舟摇摇晃晃，不得不停止前行。突然间，一块鸡蛋大的鹅卵石子弹般击中了车厢中部的窗户，“啪啦”一声，玻璃碎了。紧接着，相邻的车窗玻璃也被乱石击碎。两块、三块、四块……车厢里顿时充满了刺鼻的土腥味。乘客们慌忙用棉被、大衣堵住车窗。然而，狂风把乘客吹得趔趔趄趄。没有了玻璃阻挡，灌满了风的车体犹如一张拉开的弓朝一边倾斜。乘客们努力固定自己，双脚却仍站不稳，有的甚至被甩倒在地上……。直到12日晚9时41分，在晚点32个小时后，这趟列车才满目疮痍地到达北京站(见图24-1(a))。无独有偶，2007年2月28日凌晨2时左右，从乌鲁木齐驶往新疆阿克苏的5807次列车，在行驶至南疆线珍珠泉车站至红山渠站间42 km处时，突遇特大沙尘暴，瞬间风力达到13

级，要知道，13 级风属于飓风，风速达到了 37.0 m/s ~41.4 m/s。这次狂风不仅重演了 2006 年 4 月 9 日 T70 次列车的那一幕，而且出现了更可怕的情形——11 节车厢脱轨倾覆(见图 24 -1(b))。车厢的左壁翻成了车底在沙石路基上滑行，车体和石块摩擦，溅起串串火星……被沙石打破的车窗变成了车顶的“天窗”，大风从“天窗”灌入车厢，散落的行李物品重重地压在旅客的身上，狂风卷携着沙石一刻不停的呼啸着，恣意宣泄着大自然的力量。在这样恶劣的条件下，救援也是极其艰难的，旅客很难从车厢中爬出，同时车厢内的温度急剧下降，虽然旅客积极自救，救援官兵也尽最大努力实施营救，但是最终，这起事故还是造成 3 人死亡，2 名旅客重伤，32 名旅客轻伤，南疆铁路也被迫中断行车 9 小时。

(a) 2006 年 4 月 9 日 T70 列车被沙石击碎的车窗　　(b) 2007 年 2 月 28 日 5807 次列车沙尘暴中倾覆

图 24 -1　沙尘暴袭击后的列车

上述沙尘暴袭击列车的事件主要发生在乌鲁木齐铁路局所管辖的、地处全国铁路网西北末端兰新线和南疆线两条干线上。兰新线东起甘肃省境内的安北站，与兰州局分界，西至与哈萨克斯坦共和国接壤的阿拉山口站；南疆线自兰新线吐鲁番站至喀什站。从地貌上来看，新疆由天山、昆仑山和阿尔泰山三大山脉夹准噶尔盆地和塔里木盆地两大盆地，因此也就形成了新疆风多、风大的气候特点。新疆有九大风区，分别是达坂城谷地风区、准噶尔盆地西部风区、吐鲁番盆地西部风区、哈密北戈壁风区、哈密南戈壁风区、百里风区、额尔齐斯河谷西部风区、阿拉山口 -

艾比湖风区、罗布泊风区，而作为新疆通往其他省区的唯一铁路要道的兰新铁路上的红旗坎站—小草湖站—红台站—大步站—十三间房站—红层站—了墩站，全长 123 km 的线路位于“百里风区”。在“百里风区”线路上，每年 8 级以上的大风天气约 320 天，其中 13 级以上大风约占 100 天，最大风速可达 60 m/s。自 1960 年兰新线临时通车开始，40 多年来，该地段的线路经常受到风沙灾害袭击，线路中断几乎年年发生，停运时数约 165 h/年左右，直接经济损失 2 亿多元人民币。据不完全统计，从 1960 年到 2002 年，沙尘暴共造成 30 多次列车脱线颠覆事故，最严重时有 16 节车厢被大风吹翻。仅 2000 年至 2002 年间，因沙尘暴造成的旅客列车滞留就共 120 列次之多。

如何确保风区行车安全、减少经济损失、降低社会影响呢？人们想到了挡风墙！铁道部勘测、设计及路段各部门自 1970 年开始，就对特大风区进行协作调查、试验和室内实验研究。2003 年，国家和铁道部专门拨款 11 亿元，乌鲁木齐铁路局另筹资金 2 亿元，在“百里风区”修建起了厚度 1.5 m、高度 3 m 总长度为 90 km 的挡风墙。当你见到“百里风区”小草湖站附近的挡风墙的那一刻(见图 24－2(a))，眼前仿佛出现那巍峨起伏的“万里长城”，耳畔仿佛回荡起“用我们的血肉筑成我们新的长城……”，不由得心潮澎湃，热血沸腾。是的！正是这座屹立在西北大漠“百里风区”的新长城，极大地提高了兰新线的运营

(a) 小草湖站附近的对拉式挡风墙　　(b) 对拉式挡风墙示意图

图 24－2　兰新线的挡风墙

能力，确保了列车的安全行驶!

目前，在南疆铁路沿线，根据线路要求以及施工和材料等方面的实际情况，铁路技术人员发展建造了不同形式的挡风墙(见图 24－2,3,4)。尽管这些挡风墙在形式上有所不同，但其设计依据都离不开力学分析。不仅如此，2008 年，笔者应邀考察兰新线“百里风区”时了解到，挡风墙虽然有效阻挡了大风，但新的问题又接踵而至：在设置挡风墙的线路上仍然有积沙现象发生(图 24－5)。这些日积月累沉积在轨道上的沙粒会填充砾石(道

(a) 挡风墙实拍

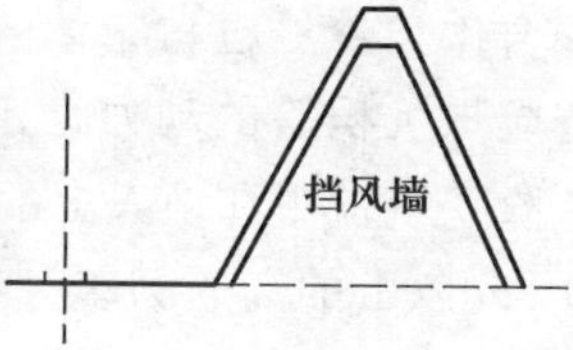

(b) 挡风墙示意图

图 24－3　兰新线上的土堤式挡风墙

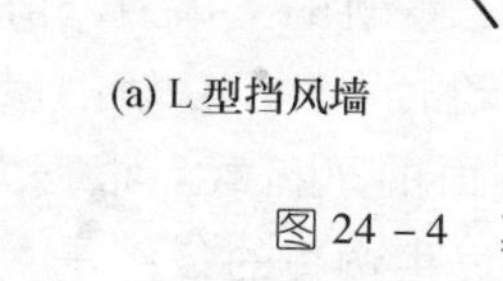

(a) L 型挡风墙

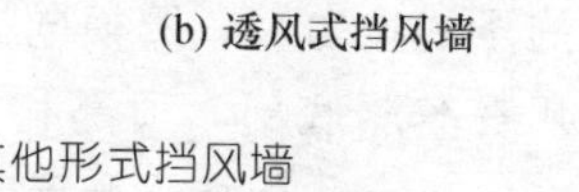

(b) 透风式挡风墙

图 24－4　其他形式挡风墙

渣)间的空隙，影响线路的平整度、导致路基板结，进而降低线路质量，影响列车的舒适度并加剧钢轨磨耗。因此，如果将挡风墙的设计这一实际问题转化为力学问题的话，就是挡风墙的强度

和几何尺度以及与轨道的间距如何设计，才能使一定速度通过铺设在梯形截面地基铁轨上的列车在侧向来流风场作用下不倾覆且铁道路基少积沙。

图 24－5　挡风墙的积沙现象

您可千万别小看这个问题，仔细琢磨一下，这是一个典型的在复杂环境——挟沙的不稳定湍流风场以及列车高速运行的流场下，具有多场耦合相互作用特征——车体的蛇行运动与路基道轨振动的相互耦合及其与风场的相互耦合作用、沙粒与车体的碰撞、卷起与沉积等的动力稳定性问题。除了气流中和地表上的沙粒外，这类动力学问题也是时速达 200 km 以上的高速列车，特别在是穿过隧道等情形下都存在的共性问题。这里，我们暂且就最简单情形的挡风墙设计为例来说明其中的力学问题。

当列车高速运动时，车体会产生横向的振动。形象地说，就像蛇的爬行一样，被称为列车的蛇行运动。根据列车蛇行系统稳定性理论和对列车脱轨极限的研究，火车脱轨倾覆的主要原因之一是车体在强的侧向风作用下丧失了横向稳定性[1]。由发生的列车脱轨事故分析也表明，脱轨现象往往首先发生在某一节车厢，因此我们也仅就一节车厢发生倾覆的最简单情况进行分析。一般而言，车厢受到的力有自身的重力、铁轨的支撑力、前后两节车厢挂钩处施予的拉力、车厢横向振动时垂直于铁轨的惯性力，以及风场作用在车厢底部、顶部和侧面的风荷载。根据力学原理，对于某一车厢而言，保持平衡而不发生倾覆的条件是[2]：车厢的重力对下风向铁轨的力矩大于或者等于铁轨支撑力、前后两车厢挂钩处的横向拉力、车厢横振时沿风向的惯性力以及风场作用于车厢的合力对于下风向铁轨的力矩。

可见，风荷载是导致列车车厢倾覆的主要因素，它与来流风速和车速的大小有直接关系，也与铁路线路所在地的整体地形以及车体的局部构型有关。所以，在设计挡风墙时，既要考虑无挡风墙时的风场情况，又要考虑挡风墙建起后的风场情况。对此，风场的精确计算是相当复杂的。如果仅从定性的角度来看：当无挡风墙时，由于风载压力直接作用在车厢的迎风面上，就造成车厢在侧风作用下直接受到较大的横向力。同时，在车厢顶部形成流速较大的气流，导致车厢受到较大的升力，进而使车厢脱轨倾覆的可能性加大；当设有挡风墙时，流场发生了明显的改变。首先，风场在挡风墙的背部会形成一个涡流区，这样明显减小了作用于车体迎风面的作用力。其次，在路基坡后形成一个强度大于无挡风墙情形的分离涡。因为没有设置挡风墙时，流体可以从车体下穿过，导致路基坡前坡后的压差减弱，进而使得坡后流场的分离涡与设置挡风墙时的情况相比在强度和尺度方面都有所减小。流场的这些改变是有利于车厢不发生倾覆的，当然，改变的程度与挡风墙的高度及其与车厢的间距以及列车的车速有关。

一般来说，挡风墙高度越高，车厢的临界倾覆风速越大[2]，列车运行的速度越高，临界倾覆风速越小，而且道轨离挡风墙越近，挡风墙的保护作用越明显。随着挡风墙高度的增加，路基上近地表的风速减小越明显，作用在列车迎风面的风压就大幅减小，因此挡风墙可以很好地保证列车在大风情况下运行的安全性。而挡风墙也并非越高越好，既要考虑到工程成本，又要根据路基具体的周边环境进行优化设计。当然，以上分析只是考虑了列车行驶时的蛇行运动，没有考虑路基振动及列车经过轨道接头时产生的强振动，而且只是把车体简化为不变形的刚体，气流也是不含沙的净气流。如果将这些被简化的因素都考虑进去，相应的力学分析就更为复杂了。

我们再来说说设置挡风墙后路基的积沙问题。前面提到，设置挡风墙后，道轨处在短短的时间内就会出现沉积的沙粒。由于兰新线经过的地区，多是戈壁、沙滩，植被覆盖度极低，是风蚀比较严重的地区。这就为路基积沙提供了丰富的沙源。那么，为什么挡风墙挡不住这些沙粒呢？如何减少积沙呢？为此，我们先来看看设立挡风墙前后沙粒运动轨迹的变化(见彩图 24－6)。彩图 24－6 中的曲线代表沙粒的轨迹，轨迹线颜色的变化反映了沙粒运动速度的不同，颜色从蓝至红表示速度由小到大。比较左图和右图，可以发现，挡风墙设立后，沙粒在挡风墙左右两侧的速度明显降低，而路基下风向处的回流区比无挡风墙时的速度和范围都有所增加。这就说明设置挡风墙后，除了有更多的来流携带的沙粒被阻挡在挡风墙外，由于贴近道轨处的沙粒速度降低和路基下风向回流涡的明显加大，使沙粒一方面比无挡风墙时更容易沉积在道轨上，另一方面也使路基下风向斜坡面的沙粒被反向气流卷起携带到路基上。在基本弄清楚挡风墙设立后道轨积沙的原因后，如何减少积沙就成了当务之急。为此，至少有两种途径比较可行：一是优化设计挡风墙的高度，使得贴近道轨处的沙粒速度有适当提高；二是优化设计路基下风向的斜坡面，使回流区的范围和强度降低。由于挡风墙已经建好不易改动，因此对路基下风向斜坡面的优化设计更便于操作。郑晓静课题组初步的数值试验表明，如果在路基下风向斜坡面以及延伸的平地表面上铺设石方格，或者在保证路基强度的前提下适当增加斜坡的斜率，如从30°增加到45°，或者将斜坡直线改变为略微下凹的弧线，都会显著减小回流区域并降低近地表的回流速度，进而在抑制回流起沙的同时减少回流输沙[3]。

当然，上面提到的优化设计都只是针对无列车通过的情况，对于有列车行驶的情况下，沙粒的轨迹以及对挡风墙和路基的优化设计也就更复杂了，这不仅是由于挡风墙与以一定速度行驶的列车之间区域的空气动力学特性十分复杂，而且也由于这样的复杂流场与沙粒运动、列车多自由度的振动等的相互耦合作用十分复杂。所以，实际理论建模和数值仿真过程中的合理有效的简化十分关键。

. 说到这儿，我们再介绍一下挡风墙的两个“近亲”——防护林(见图24－7)，和挡沙栅栏(见图24－8)。挡沙栅栏的高度

图24－7　塔里木沙漠公路防护林带

图24－8　防沙栅栏

一般在1 m左右，其主要作用是防风，其次才是阻沙和固沙。作者通过数值仿真实验[4]发现，在栅栏高度以下，风场速度的波动比较明显，但在离栅栏较远处，风速值小于来流风速，其中栅栏背风面底部会形成漩涡；在栅栏上方，风速一般要比来流风速大。栅栏的高度和孔隙度对栅栏背风面的风速和保护区都有一定影响。当孔隙度为0.5时，栅栏背风面的风速恢复较缓慢，此时防护区的长度约为栅栏高度的20倍左右。当流沙撞击栅栏后或黏附于栅栏上或反弹，总之改变了运动状态，被截留在栅栏前部，进而减小了通过栅栏的沙量。更重要的是，栅栏的存在改变了其附近的流场，栅栏后部会形成一个漩涡回流区，使得栅栏后一定范围内的风速显著降低，从而使部分沙粒即使穿越栅栏之后也会沉积，造成栅栏后沙粒的堆积，使风沙流的输沙率锐减，达到“风过沙留”的目的。在栅栏的保护区内布置草方格，由于栅栏降低了风沙流中的沙粒浓度，会使草方格被沙埋的威胁大大降低，进而保护了草方格，使草方格寿命延长，固沙能力提高。

防护林能降低流经该区域的风速，并通过降低气流的能量使大量沙粒沉积，而树木枝叶交错致使气流中的沙尘或被阻挡或被吸附，因此防风沙的作用也十分显著[5]。据测定，当某一地区植

被覆盖度达到30%时，可以使流经该地区的风速降低40%以上。当植被覆盖度达到40% ~50%时，气流中90%以上的沙粒会被阻截沉积下来。当然，防护林也并非覆盖度越高越好，其中有营造成本、占用土地，特别是在干旱和半干旱区，还会存在消耗本来就不丰富的地下水等问题，因此，也需要对其走向和覆盖范围以及植被种类选取等进行优化设计。

可见，说栅栏和防护林与挡风墙是近亲，是因为它们有着非常相似的使命——防风挡沙。但是，就“面孔”而言，挡风墙几乎是密不透风，而防护林和挡风栅栏则是透风的；从“身躯”来看，挡风墙有着铜墙铁壁般的不折不挠，而挡沙栅栏和防风林是随风摇曳的。这样一来，在对它们进行优化设计时，除了会遇到挡风墙设计时所涉及的相同力学问题，即复杂地表上多相多组分介质的多尺度、非线性、非平稳复杂输运过程的定量分析外，还需要特别考虑栅栏和防风林的“摇曳”与风场的耦合作用，这就是非常典型和复杂的流固耦合问题了。

参考文献

[1] 郑晓静，马高生，黄宁. 铁路挡风墙挡风效果和积沙情况分析[J]. 中国沙漠，2011，1.

[2] 高广军，等. 兰新线强横风对车辆倾覆稳定性的影响[J]. 铁道学报，2004，26(4)：36－40.

[3] 王国华，郑晓静. 降低大风区铁路道轨积沙的一种铁路路基优化方案[J]. 中国沙漠，修改中.

[4] 薄天利，郑晓静. 防沙栅栏风洞实验的数值模拟[J]. 兰州大学学报(自然科学版)，2005，41(5)：97－101.

[5] 国家林业局. 三北防护林体系建设30年发展报告[M]. 北京：中国林业出版社，2008.

25

Chapter

风沙与水沙

提起黄河，人们并不陌生，它是中国第二长河，也是世界上含沙量最多的河流，在中国的历史上，记载了很多形容黄河的诗句和谚语，如刘禹锡在《浪淘沙》中就有“九曲黄河万里沙，浪淘风簸自天涯”的佳句。先秦时期把黄河称之为浊河，西汉时有“一石水，六斗泥”之说。即使是现代，在黄河中下游的河道中，随意舀一碗水，仍可见“一碗河水半碗沙”。

黄河上游的泥沙沉积会使河床日益抬高，防洪能力降低。仅1990年1月至1995年12月间，黄河在小浪底至高村的河段就抬升了34cm，平均每年抬升7cm。在黄河流域的中上游可修建水库，调节洪水、蓄水灌溉并利用落差发电，但蓄水的同时也拦截了水中的泥沙(见图25－1)，由此又会因泥沙在库底不断淤积导致库容量减少。如1957年正式开工、1960年完工的三门峡水库，在大坝蓄水后的第二年，即1961年10月下旬，从上游冲下来的泥沙就达36亿吨，到1964年，泥沙淤积量达440亿吨。淤积的泥沙堵塞在三门峡至潼关的河道里，使渭河水流不出去，并在1964年、1966年和1967年都发生了回水倒灌[1]。随后被迫放弃蓄水并进行工程改建，带来一系列的问题。此外，我国珠三角、长三角等重点地区航道的泥沙淤积也给航运排涝造成了困难，而引发这些祸害的关键就是泥沙过多！

(a) 异重流形成前排出的清水　(b) 异重流形成后排出的含沙水流

图 25－1　2005 年小浪底人工塑造异重流调水调沙的情景
（图片来源 http://news.sohu.com/）

那么，黄河中的泥沙是从哪里来的呢？这可是一个至今都没有完全弄清楚的问题。有学者认为，沙漠向黄河输送的粗沙不少于 16 亿吨/年，且黄河宁蒙沙漠宽谷河段淤积泥沙的 80% 来源于沙漠[2]；有的则认为粗沙的主要来源是河口镇至清涧河河口之间的两岸支流以及无定河中下游[3]。可见，观点并不太一致。但这至少说明，这是一个问题，而且是一个需要将风沙和水沙结合起来研究的问题。对于这一问题，仅仅靠对黄河泥沙的粒径与沙漠沙粒径的相关度分析，或者仅仅依靠遥感和实地的考察来描述，都不可能最终真正揭示机理，只有力学工作者和力学研究方法的实质性介入和发挥作用，才能给出合理、准确、可靠、定量的科学依据。因为这个问题的本质与我们本书前面谈到的风沙问题一样，是一个自然环境中多相多组分介质的非平稳复杂输运过程，具有非线性、多尺度和多因素耦合的特征，是一个复杂的力学问题，而风沙与水沙的耦合是这一问题的特殊性，由此更增加了问题解决的难度。

这里，我们还是从力学的角度来看看水沙与风沙研究方面的主要异同点吧！水沙和风沙运动研究的相似之处是，由它们所涉及的力学问题本质决定的，即都是一种多相多组分介质的非平稳复杂输运过程，都涉及沙粒在流体中的受力分析、起动条件、输沙结构和输沙量、沙粒与流体间的相互作用等问题。但由于风、水两种承载和输送沙粒的流体相的差异，使得沙粒在风中与在水中的运动形式、起动机制以及所形成的地表形态等方面又存在不同。首先，就沙粒的受力而言，空气和水中沙粒，除了重力外，还都受到气流和水流对沙粒的拖曳力、升力、附加质量力、马格努斯力和巴塞特力的影响。但是，由于空气和水的密度以及黏性系数的不同，水中沙粒受到的拖曳力可以是沙粒重力的好几倍，而空气中沙粒的拖曳力只能与沙粒重力相当。不仅如此，水中沙粒受到的升力与沙粒的重力相当，而空气中沙粒受到的升力几乎可以忽略不计。同样，空气中沙粒受到的附加质量力、巴塞特力也几乎可以忽略不计，但在水中则不行。不过，沙粒在空气中运动会受到与其重力相当的静电力(见第8章)，这可是水中沙粒所没有的！

其次，就沙粒的运动而言，风沙运动的沙粒有蠕移、跃移和悬移以及沙粒与沙床的碰撞，而对于水中沙粒来说，沙粒在水中的运动形式基本与在空气中类似，只是水中沙粒的跟随性较好，其运动以悬移为主，而空气中以跃移为主。造成这种差异的主要原因是由于空气的密度在1.2 kg/m^3 ~1.26kg/m^{3}之间，常温下水的密度约为1 000 kg/m^3，比空气大得多，因而在起动阶段水中沙粒所受到的拖曳力较在空气中要大得多，水流可以很轻易地把沙粒从河床上卷起来，而风很难直接把沙粒从沙床上吹飞起来。值得一提的是，由于拖曳力与沙粒和水流的相对速度成正比，虽然沙粒在水中速度增加很快，但沙粒速度大于水流速度时拖曳力变为负值。换句话说，此时的拖曳力由“拖”动沙粒运动的动力变成为一种阻碍沙粒运动的阻力了。加之在水下沙粒起跳速度小，所以沙粒在水中也只能跳到几倍，最多十几倍粒径的高度，也就是几个毫米，而在空气中可以跳到几千倍粒径的高度，即几十厘米的量级。

在风沙运动中，风沙流形成的过程主要有：(1)风吹沙的起动；(2)沙粒在风中的跃移运动；(3)运动沙粒对空气反作用引起的风速廓线修正；(4)跃移沙粒落回床面时与床面的碰撞反弹及其溅射这四个主要过程。而对于水沙来说，它有类似于风沙的前3个过程，但过程(4)有明显不同。在水中，沙粒只有冲击床面后的反弹过程，到目前为止，尚没有实验证实存在击溅过程。这在一定程度上使得沙粒在水中和床面的相互作用相对于风沙变得简单了。因为在风沙运动中，沙粒在气流中以相当大的动量冲击床面时，对床面沙粒的冲击力很大。据研究人员利用高速摄影获得的观察结果显示，这个冲击力可以超过重力的几百倍甚至几千倍。可见，在风沙运动的粒床碰撞过程中，冲击力是居于主导地位的，也就是说冲击力对沙粒从床面的起跳起着绝对的控制作用。所以，风沙运动中的粒床碰撞过程是揭示风沙流演化过程机理、连接沙粒微观运动与风沙流宏观运动之间的“桥梁”。但在水沙中，床面泥沙拖曳力和升力才是沙粒起动的“功臣”。另外，风沙流发展至平稳状态时，床面切应力趋于零，基本没有流体起动沙粒；而在水中即使输沙达到平稳状态床面切应力也不为零，因此推移质输沙可分为两部分：一部分为直接由流体起动，而另外一部分则是跃移运动。在这一点上风沙和水沙有着本质的不同。

从研究方法的角度来看，除了野外观测，与风沙实验的风洞不同的是，水沙实验室在水槽中进行(见图25－2)。而就理论和数值分析来看，二者依据的力学原理基本是一致的，即对于流场，都可以用N－S方程或基于一定简化近似的方程来描述，只是计算模拟的区域不像风沙那么广阔。自20世纪80年代初以来，已经发展了许多水动力学/泥沙输运计算模型。这些模型可根据流体的质量和动量守恒微分方程(也就是圣维南流动方程组)及泥沙质量守恒方程分为一维模型、二维模型、三维模型，稳态或非稳态。这些模型基本上都可以预测总输沙量和非均匀沙的粒径分布，有的能够预测河床断面、宽度的变化及弯道的横向输移。基于水深平均的二维模型还能提供河流、湖泊和河口中关于水深和河床变化的信息，以及深度平均的流向及横向流速分量的大小。对于均匀沙能将总输沙量分解为悬移质输沙量和推移质输沙量，基于雷诺平均(Reynolds average Navier-Stokes,RANS)的非静力学三维模型可以充分描述复杂区域中二次流的复杂特性等。求解这些模型采用的方法有有限差分法、有限元法或有限体积法等。

图 25－2　实验水槽(大连理工大学港口航道与海岸工程实验室)

然而，与风沙研究一样，在水沙输运问题的建模中，引入了一系列的过度简化。如大多数模型都将泥沙的挟带处理为确定性而不是随机的过程；没有考虑湍流扫射、向外的相互作用及猝发是泥沙挟带主要的触发机理，而假定为由在均匀流情况确定的床底净剪应力项引起；泥沙输运模型中一直是采用单一特征粒径计算输沙率，没有考虑不同尺寸粒径(或密度)泥沙颗粒不同的输运过程；在建模中几乎从求解方程中平均掉了所有的湍流脉动，等等。在求解方程时，往往在湍流动力学控制方程中引入高度经验性的公式，在一个计算时间步长内甚至一系列时间步长内，采用完全非耦合或半耦合的算法来处理流动和泥沙传输过程，使之没有充分反映河床高程和表面床沙粒径级配改变对流动的影响，等等。加之求解方法的近似，导致了水沙输运模型预测与实测值有不同程度的差异，特别是大部分动床模型不能产生完全令人满意的结果。

除此之外，限于计算机的计算能力，现有水流输沙模拟中描述沙粒输送过程的方程仍以对流扩散方程为主。随着实验技术的进步，实验证明床面附近的浓度分布是不符合扩散规律的。因此，需要对床面附近沙粒运动规律进行研究，从而得到床面附近沙粒浓度分布，以及流体的运动性质。同时，床面附近沙粒的输运不仅受到流体的控制，还受到床面形状不规则性的控制。因此，对输沙过程达到平稳的时间和距离同样需要关注，而这方面的研究，在一定程度上，是可以借鉴风沙研究中对粒－床碰撞的研究的。

就风成和水成地貌而言，风沙运动会形成风成沙波纹和风成沙丘，且二者在尺度上和形成机理上有明显差异[4]，这一点我们在本书的第 13 章和第 14 章已经做过介绍，就不再赘述了。但是，在水沙环境中，一般认为只有水成沙波纹存在。图 25－3(a)是海底形成的水成沙波纹，图 25－3(b)是风成沙波纹。风成沙波纹和水成沙波纹的截面形状都是不对称的，迎风面和迎水面都比背风坡和背水面的长度要长；至于波长，前者大部分集中在 7.5 cm～15 cm 之间，最长可达 25 cm，最小的约 2.5 cm；而后者的范围为 1 cm～15 cm，一般不超过 30 cm。波纹的高度，前者大都在 0.5 cm～1 cm 之间，而后者在 0.5 cm～2 cm 之间[5]。可见，风成沙波纹和水成沙波纹的形态和尺度还是比较接近的。

就水成沙波纹形成的过程而言，目前对水成沙波纹形成机理比较认同的解释是：由于河床上的一层厚度较为均匀的边界层受某种自然原因在河床某点出现泥沙的堆积，致使水流在经过堆积

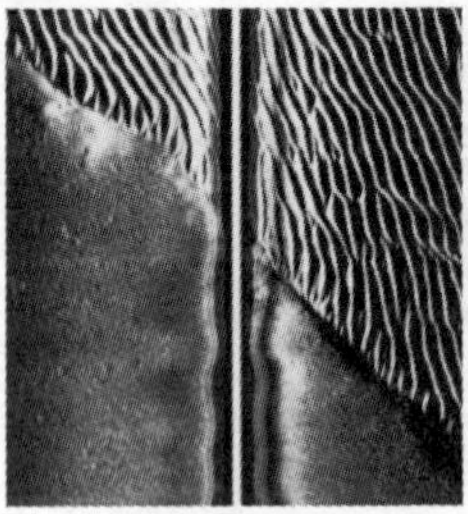

(a) 海底沙波纹

(b) 风成沙波纹

图 25－3　风成沙纹与水成沙纹的比较

物最高点时发生分离。分离区内紊流的进一步加强使得下游紊流强度增大，导致堆积物最高点边界层变薄、剪切力增大，造成局部冲刷。在冲刷坑下游部分边界层又逐步变厚，剪切力减小，形成新的堆积[1]。这似乎与风沙运动研究的鼻祖拜格诺在给出风成沙波纹形成机理解释时提出的“冲击说”(见第13章)十分类似。这也许就是受风成沙波纹形成过程描述的影响，因为拜格诺随后开始研究水沙，也成为水沙研究方面的最有影响的学者之一。但是，无论是风洞实验还是郑晓静课题组的定量模拟都显示风成沙波纹的形成过程是在平坦沙床通过风力作用形成微小凸起，然后经生长，最后达到饱和的。不仅如此，风成沙波纹主要是由沙粒跃移运动产生的，与沙粒和床面的碰撞过程密切相关[4]。从这个角度看，这与水中沙波纹主要由边界层厚度的变化导致的说法还不太一样。当然，水成沙波形成机理的准确揭示还有赖于对其演化过程的进一步观测和定量模拟。

总之，风沙与水沙之间既有共性，又有差异。目前来看，二者之间的差异性开始更多地为人们所关注，而他们的共同规律和特性还远未被深入了解。风沙运动与水沙运动都是典型的多组份、多过程、多尺度问题，是环境流体力学领域的重要科学问题。深入研究二者之间的异同，促进水沙和风沙动力学的交叉、融合，将大大有利于增进对流体湍流输沙物理机制的理解和基础理论的发展，具有重要的科学意义和明确的应用前景。让我们期待“殊途同归”吧！

参考文献

[1] 钱宁. 泥沙运动力学[M]. 北京：科学出版社，1983.

[2] 冯国安. 黄河粗泥沙主要来自风沙[J]. 中国水土保

持，1992，3：45－47.
[3] 赵文林. 黄河泥沙[M]. 郑州：黄河水利出版社，1996.
[4] Zheng X J. Mechanics of Wind-blown Sand Movement [M]. German：Springer-Verlag，2009.
[5] 吴正. 风沙地貌学[M]. 北京：科学出版社，1987.

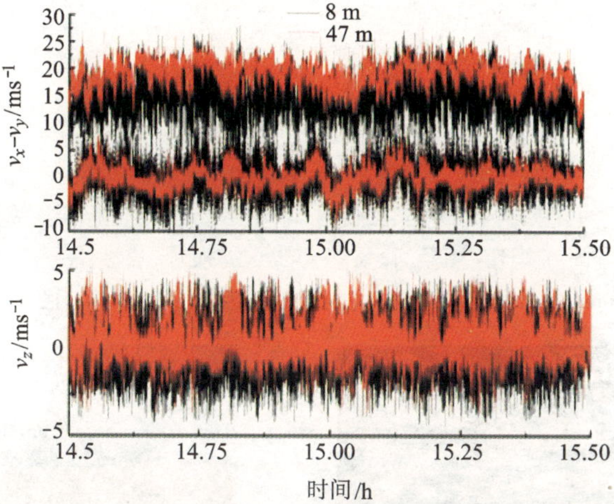

彩图 3－4　2010 年 3 月 19 日甘肃民勤地区沙尘暴风速最大期间的水平、侧向和垂向风速

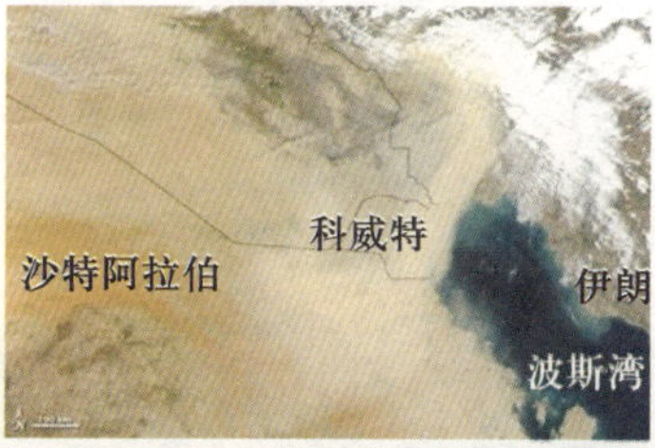

彩图 10－5　NASA 拍摄到的 2010 年 3 月 4 日发生在中东地区的沙尘暴

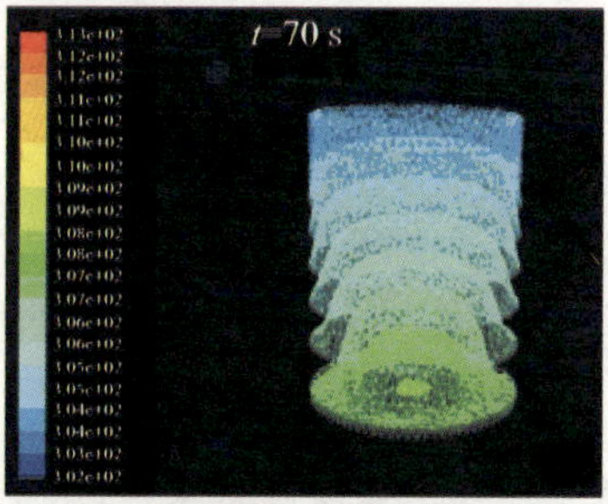

彩图 11－5　尘卷发生时温度等值线图

彩图 11－6　尘卷中的沙粒粒径分布

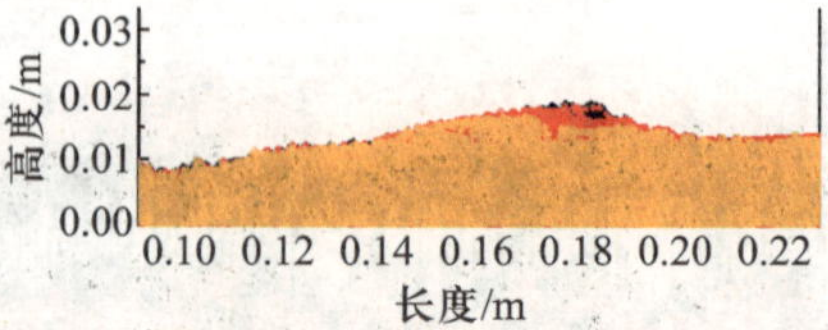

彩图 13－5　沙波纹的“倒粒序”沉积结构，直径为 0.4 mm 的粗沙（黑色）聚集在沙波纹的顶端，顶端往下为粒径为 0.3 mm 的中等粒径沙粒（红色）以及粒径为 0.2 mm 的细沙（黄色）

(a)“上帝画下的曲线”摄于巴丹吉林沙漠

(b)“大地的天体营”摄于塔克拉玛干沙漠

(c)“大漠的血脉”摄于古尔班通古特沙漠

(d)“千年的守望”摄于敦煌鸣沙山月牙泉

(e)“拽住流沙的脚步”摄于腾格里沙漠

彩图 14－1　中国最美五大沙漠（取自《中国国家地理》）

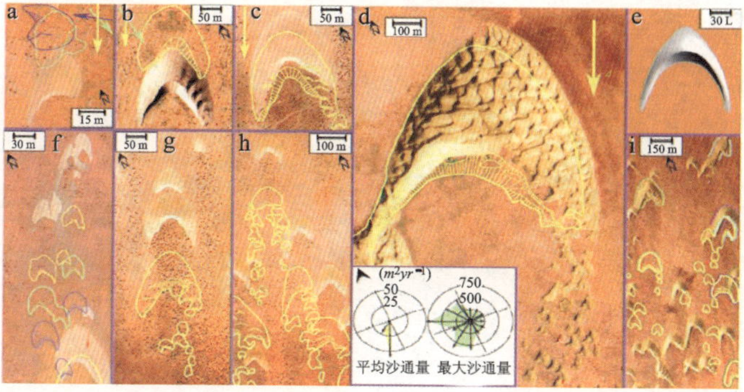

彩图 15－4　摩洛哥境内撒哈拉沙漠中的新月形沙丘场的卫星图片[4]

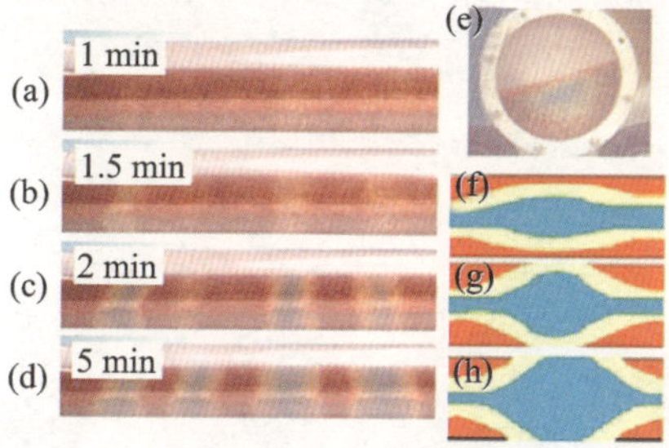

彩图 20－13　颗粒物在滚筒内的轴向分离[12]

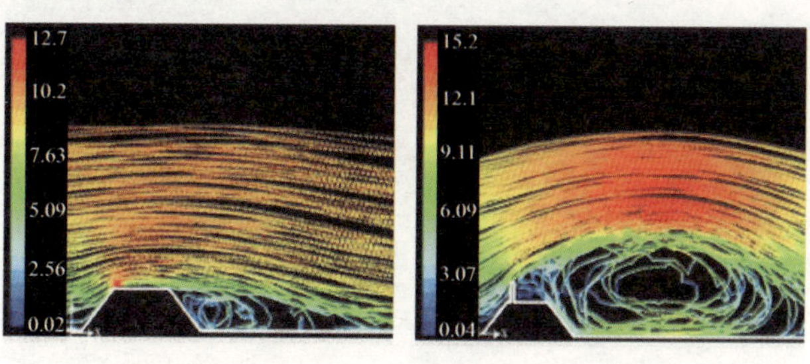

(a)　(b)

彩图 24－6　有无挡风墙情况下沙粒的轨迹图